一生气
你就输了

豫君 编著

中国商业出版社

图书在版编目（CIP）数据

一生气你就输了／豫君编著．—北京：中国商业出版社，2016.12

ISBN 978-7-5044-9596-9

Ⅰ．①一… Ⅱ．①豫… Ⅲ．①情绪状态—自我控制—通俗读物 Ⅳ．① B842.6-49

中国版本图书馆 CIP 数据核字 (2016) 第 231188 号

责任编辑：武文胜

中国商业出版社出版发行
010-63180647 www.c-cbook.com
(100053 北京广安门内报国寺 1 号）
新华书店总店北京发行所经销
北京佳顺印务有限公司
★ ★ ★ ★ ★
710×1000 毫米 1/16 15 印张 176 千字
2017 年 1 月第 1 版 2017 年 3 月第 2 次印刷
定价：39.80 元
★ ★ ★ ★
（如有印刷质量问题可更换）

前言
Preface

人生的道路上遇见挫折和痛苦是避免不了的，但承受忧伤不是你的义务，你没有必要和自己过不去，更没有必要去为此而生气。人生本来既丰富多彩又充满艰难曲折，无论你介意与否你都会遇见成败荣辱、苦乐忧欢……就像马克·吐温说的那样：“谁没有蘸着眼泪吃过面包，谁就不懂得什么叫生活！”

所以我们在为生活奔波过程中，千万不要生气。那么，人为什么会有那么多的气可生呢？主要原因是很多时候我们在盲目地追求着一种错误的东西。因为我们无论做任何事情，都不可能避免出现错误，甚至有些时候是方向性的错误。如果认识到自己的错误，调整心态，就不会生气；如果执迷不悟，只能通过生气的方式表达自己的不满。我们知道，执着是一把双面刃，该放弃时不放弃，痛苦的折磨直接导致你气大伤身。

生气是一种浓烈的怨气，让你不快乐。它慢悠悠地在你身体里溜达。慢慢地折磨你。而受它影响，你永远没有办法在一个静处细细品尝人生的清茶，总觉得心中有一口郁气没有地方宣泄，总是患得患失，惶惶不安，总是失望伴随，快乐远离，总是没理由地觉得很烦恼，心情压抑。这种怨气带给你为人处事、工作交际非常大的困扰。生气是一片沼泽，束缚你手脚又不易被察觉，于是人就深陷其中而难以自拔，言行举止完全被牵绊住，人生的航程也因此而严重受阻。生气是一种毒药，而且是一种慢性毒药。桎梏心灵的同时往往隐藏着一种极大的杀伤力，无声无息地侵入到人的五脏六腑，一点一点地瓦解人的意志力，逐渐腐蚀人的心灵，磨损人的志气，杀人于无形，直到生活变得一团糟。

英国作家迪斯雷利曾说："为小事而生气的人生命是短促的。"法国作家莫鲁瓦进一步解释道："这句话可以帮助我们忘却许多不愉快的经历。我们常常为一些不令人注意、因而也是应当迅速忘掉的微不足道的小事所干扰而失去理智。我们生活在这个世界上只有几十个年头，然而我们却为纠缠无聊琐事而白白地浪费了许多宝贵的时光。"的确，生命如朝露昙花般的短暂，生活还有那么多值得我们去欣赏和感受的美好，何必让自己为那些明天注定要被遗忘的事情而始终不能释怀呢！

生气是百病之源，不仅可以损害一个人的健康，也可以摧毁一个人的生命。清代著名学者李渔在他的《闲情偶寄》中说："心和则百体皆和。"所谓"心和"就是"内心平和"，即在世事繁杂中豁然不惊，把养生、安神、怡情、悦性化作涓涓细流，淌入心田，做到宠辱不惊、遇愁不愁、逢怨不怨，用理智驾驭感情，以平和调整心态。这样就会正气充盈、神清气爽、邪气不入、百病消除。可见，一个积极的情绪对我们的身体是相当重要的。看看生活中那些豁达开朗、积极乐观的人，他们的身体一般都是很健康的；做什么都是孔武有力，很少生病，这样的人一般也比较长寿。反观那些整日萎靡不振、内心消极的人，他们的身体一般都比较虚弱，一遇到天气变化，就很容易生病。从这里可以看出，负面情绪并非只是让我们的心情变差，还可能使我们的身体变差。中医认为：气，乃身之本也，气顺则体健，气乱也就会体亏。肝火过盛则会导致情绪激动喜欢生气，而容易动气则会反作用于肝、脾等人体的重要内脏，使其正常的运作规律被扰乱，从而引发一系列疾病。

生气百害无一利，不仅损害我们的身体，更为重要的是，生气是我们事业的拦路虎，阻止我们前进的步伐和远眺的目光，许多前途无量的人士就是因为生气，生命及事业戛然而止。三国时，英年早逝的周瑜就是最为生动的例子。因此，本书告诉每一位读者，如何做到不生气，如何改掉爱生气的坏习惯，从而让你成为一位不生气、和气、豁达、阳光、快乐的人，你的生命也由此变得丰富多彩，人生也变得格外的有意义。

目录
Contents

033 第二章 管控情绪，从此不再被生气困扰

065 第三章

拥有好心态，生气的动机就自然走开

097

第四章

做强大的自己，用自信打垮生气的诱因

123

第五章

驱散心灵的尘埃，生气的念头就不会找上你

155 第六章

与快乐同行，它是生气的天然抗体

第一章

生气不理智，等于拿他人的错误惩罚自己

有人说，人活在世上就是受苦受累的，其实这是一种悲观的错误认识。生活是美好的，我们没有理由把宝贵的生命浪费在对别人的埋怨和痛恨之中。因为人与人之间会产生不同的人生态度和生活方式，与其浪费时间去埋怨他人，不如好好经营自己的生活。

气大伤身，损害的是自己

人总会有这样那样的烦恼忧愁，比如郁闷、抑郁、烦躁总会惹得人们气息不平，即生气。这似乎是一种不可避免的客观真理，但生气着实对人身体有害，而且是一种害人害己的事情。

中国古语常言："别动气，动气就损了精气；别生气，生气就坏了元气；别斗气，斗气就伤了和气；宜忍气，忍气便能神气。"古人之语深刻地告诉我们生气的危害之巨大，而你需要知道的是，当你生气时，最直接且最先危害到的人不是别人，而是你自己。

从前，印度有位叫艾西瓦娅·雷的老年妇女不知何种原因，整天骂释迦牟尼佛，并且骂得非常的凶，整个人就像怒火包围着一样。然而释迦牟尼佛却平静如水，仿佛面前什么也没有发生一样，依旧闭眼打坐，根本不理会面前的辱骂者。后来，那位艾西瓦娅·雷的老年妇女骂累了，干脆一屁股坐在地上，一边喘着粗气一边用手指着面前的释迦牟尼佛，问道："我这样骂你，你不但不生气，反而连一句话也不说。"这时，释迦牟尼佛嘴角露出一缕微笑，缓慢地睁开双眼，反问道："如果你给别人送礼物，别人不接受你的理由，那么这份礼物在谁手里呢？"

艾西瓦娅·雷张口即答："礼物当然还在我的手里。"释迦牟尼佛接着又说："你刚才对我大骂一通，我充耳不闻，你心中的怒火难道不还是在你身上吗？"最后，释迦牟尼佛语重心长地说："气大伤身，伤的是自己。"

生理学家通过无数次的实验，针对生气总结出了一系列准确的数字——一个人生气十分钟，所消耗的精力，不低于一个人奔跑三千米所消耗的精力，而且人们在生气时身体的各种反应都相当的激烈，会分泌出一种有毒的物质。据说，这种物质可以媲美毒药，足以毒死一只大白鼠。就这个研究的结果而言，人们生气无异于慢性服毒自杀。显然，为了避免这种严重的身体伤害，人们唯有不生气。

杰夫为人正直，就是脾气不好，动辄爱生气。他的太太露易丝宽宏大度，从来不会因为杰夫的坏脾气而计较，就这样两个人在风风雨雨中将女儿养大。本来到了安享晚年的季节，但杰夫爱生气的毛病丝毫未改，依然稍不顺心就生气。露易丝无数次劝他改一改自己的缺点，杰夫表面上答应，一旦遇到事儿了，该生气时照旧生气。

由于他爱生气，导致身体每况愈下，虽然不是什么大毛病，总隔三岔五去看医生，依靠药物缓解身体状况。

一次，二人去女儿家看望刚出生不久的小外甥。期间，女婿无意间的一句话激怒了杰夫。他认为女婿当着他们的面，侮辱自己的女儿。杰夫当时就火了，和女婿大吵起来。吵架没有好言语，杰夫女婿的脾气有点像杰夫，激动时一时没有控制住自己的情绪，竟然挥拳打了自己的老丈人杰夫一拳。

所幸的是，这场争执没有进一步发展。杰夫带着露易丝连晚餐都没有吃，便怒气冲冲地回去了。回到家里，露易丝反复劝说，让杰夫消消气，别和孩子一般见识。杰夫呢，硬是咽不下心中的怒火，他越想越生气，越生气越激动，竟然把手中的玻璃杯摔得粉碎。太太露易丝看着眼前的情形，惊呆了，未等她缓解内心的紧张情绪，只见杰夫口吐鲜血，一头栽倒在地上。幸亏抢救及时，杰夫的命算保住了。

杰夫吐血的事儿，明显是由“气”引起的。在露易丝的劝说下，杰夫接受心理医生的治疗。后来，他渐渐改掉了他爱生气的坏毛病。老两口真正过上了幸福而快乐的老年生活。

何谓“气”？气只是伴随着精神上的失落，自我认知需要的一种宣泄方式，它是鲁莽、冲动、毫无规律章法可言的。从另一个方面来说也是一种自我遭罪的愚蠢行为。

随着现代生活节奏的加快，不少人因为突发的各种各样的事情而生气。俗语有：气大伤身。气淤积在身体里面不知道会产生多少毒素危害身体！根据调查，60% 的人每星期至少会生气一次，不管因为什么而生气，气的是自己，伤的也是自己。

据美国《洛杉矶时报》报道，研究发现，生气对健康有八大损害。

（1）长色斑。生气的时候，血液通过血管大量涌向头部，这样势必就造成血液中含氧量少，毒素相对增多。毒素直接刺激毛囊，会在毛囊周围引起不同程度的炎症，导致出现色斑等问题。所以，一旦遇到不开心的事，想生气的时候，双手平举的同时做深呼吸，这样可以调节身体的状态，利于把毒素从体内排出体外。

（2）脑细胞衰老加速。生气时，大量的血液涌向大脑，直接造成脑血管的压力增大。这个时候血液中毒素最多，氧气处于最少的状态，对脑细胞具有破坏作用，加速脑细胞的衰老。

（3）胃溃疡。生气时，交感神经产生兴奋，并且直接作用于心脏和血管上，从而使胃肠中的血流量比平时要少，降低肠胃的蠕动，食欲减少，严重时会引发胃溃疡。

（4）心肌缺氧。生气时，大脑和面部涌入大量的血液，而心脏的供血就相对减少，会出现心肌缺氧的情况。心脏为了调节整个身体的需求，自然就增加了工作量，会出现心跳不规律的状态，严重时可能致命。所以，一旦出现这种情况时，应尽量微笑，回忆以前那些愉快的事情，从而让心跳恢复到原来的状态。

（5）伤肝。生气时，人体会释放出一种叫“盐酸多巴胺”的物质，该物质作用于中枢神经系统，导致血糖升高，脂肪酸分解的速度加快，肝细胞和血液里的毒素就会相应增加，对肝部造成损伤。

（6）引发甲亢。生气时，身体的分泌系统出现紊乱，甲状腺激素增加，长此以往会引发甲亢。

（7）伤肺。生气时，呼吸加速，换气的现象过度频繁。肺泡扩张加快，没时间收缩，也就得不到应有的放松和休息，从而危害肺的健康。

（8）损伤免疫系统。生气时，大脑会命令身体制造一种由胆固醇转化而来的皮质固醇。这类物质如果在体内积累过多，就会阻碍免疫细胞的运作，让身体的抵抗力下降。

所以，生活在当下的人们，在面对任何艰难险阻之时，切记生气只是拿别人的错误来伤害自己的身体。但是，真正做到心宽体胖何其容易，而这就要求人们始终保持着乐观向上的生活态度，对待不如意的事情，豁然一笑，面对无法解决的事情，随其自然。斗气伤神，斗智伤肾，而不斗气，不苛求，才会生活得更加美好。

生气时，你的行为大多都是错误的

每个人都有生气的时候，生气时我们往往会失去理智。在缺乏理智的选择中，人们控制自己的行为与思想的程度降低到最低点，这个时候我们做出的一些事情，大部分都是错误的，甚至会造成致命性的错误。等到怒气平息后，往往后悔不已。

霍华德是一家工厂的老板，一天他在巡视时，看到一个人没有工作，而是躺在地上睡觉。霍华德能有今天的成就，靠的就是他辛勤打拼换来的，因此他平时最痛恨那些偷懒的员工。此时，看到眼前的一幕，霍华德自然是气不打一处来，他强压住心中的怒火，摇醒地上的人，问道："你一个月的薪水是多少？"对方睡眼惺忪，懒散地回答道："2000 元。"霍华德听后，不再理会面前的睡觉者，而是把仓库的主管叫来，怒气冲冲地说："带他去财务室，给他 2000 块钱，马上给我离开这里。"主管见老板一脸的愤怒，没说什么，就叫起那人，去了财务室。事后，老板问仓库主管，"那人是谁介绍来的？"主管却说："他根本不是我们公司的员工，他是其他公司派来送货物的。"

显然，霍华德生气时，做了一件不该做的事情。人在生气时通常会做出一些愚蠢无知的事情，这些愚蠢行为会让人失去很多；而生气所产生的急躁或偏激，会让人失去更多。冲动是魔鬼，它会让你犯下难以挽回的错误。所以，无论是什么时候，在没有了解事情的真相前一定不要冲动，不要因为一时的愤怒干出蠢事。

一个企业的一部门负责人，因为一时贪睡而眼看要迟到了，迟到就要扣工资、挨批评，所以为了能够及时赶到，他不惜闯了好几个红灯，最终在第三个红灯那里被警察逮住了。警察扣下了他的车子，开了罚单，致使原本可能会来临的小迟到演化为了大迟到。

交完罚款回到办公室后，他坐在那里想了想早晨的一幕，觉得心里着实憋屈，越想越气，恨不得自己当时和警察打一架。正当他火气无法发泄之时，他的秘书进来给他汇报工作日程，于是他劈头盖脸地就是一顿臭骂，质问秘书为何把几项重要的工作拖到现在才汇报，损失谁来承担。

秘书被骂得顿时懵了，跑去前台那里追问前台小姐为什么不早些把这些材料放在她的办公桌上。前台小姐说一直都是这样做的，为何这次要提前放材料，表现出了一脸莫名的委屈，而她看到公司请来的保洁阿姨，就胡乱地支使人家干活，并不停地抱怨保洁阿姨工作不到位，并叫嚣说道，如此态度，老板一定会扣保洁的钱。

保洁阿姨一个月就赚那么点钱，一听要扣钱，急了，一边干活一边埋怨公司的抠门。这股气一直带到了家里，看着平时还算乖巧的儿子，这会儿不在学习，而在玩游戏机，想她辛辛苦苦在外赚钱为的就是儿子，儿子却如此不争气，于是她拧起儿子的耳朵就是一顿揍。

儿子哭喊着回到自己的房间里，他怎么能够理解他母亲到底是怎么回事，儿子一直趴在床上哭泣，这时候，天天陪伴他的小狗黄黄趴在他身旁，安慰似地舔了他两口，平日里亲密的好友亲密的方式，此刻在儿子看来异常的恶心，他一个生气，一脚踢飞了小狗，疼得小狗一直汪汪叫。

人往往在还没弄清真相之前就失去理智和耐心，贸然行事，结果造成难以想像的后果。遇到你没有弄清真相的事情时，千万不要生气、不要冲动，冲动是魔鬼，让许多无辜者成为受害者。

黑人斯蒂芬·赫瑞克由于家境贫困，刚结婚不久，便离开新婚妻子外出打工。很快，他找到了一份工作，并向老板提出了他的请求，他告诉老板，“请允许我在这里想干多久就干多久，一旦我离开了，请你一次性地把工钱给我结清。”老板也是一位爽快的人，答应了斯蒂芬·赫瑞克的要求，并签订协议。

岁月荏苒，光阴如梭。斯蒂芬·赫瑞克给老板整整干了20年，中间从来没有休假或回家探亲。当斯蒂芬·赫瑞克向老板提出辞职时，老板按照当初的约定，答应了他的要求。就在斯蒂芬·赫瑞克告别老板，踏上回家的旅程之际，老板给了他一个忠告：永远不要在痛苦和仇恨的时候做出决定，否则你会后悔一辈子。接着，老板拿出三个面包，又说：“这三个面包，其中的两个在路上吃，另外一个等回家后和妻子一起分享。”

斯蒂芬·赫瑞克对老板表达谢意后，踏上了回家的路。经过长途跋涉，一个黄昏时分，他终于看到了阔别20年的家。当时，烟囱正冒着缕缕炊烟，依稀可以辨认出妻子熟悉而陌生的身影。尽管天色已经昏暗，斯蒂芬·赫瑞克看到了不该看到的一幕，一个男人正伏在妻子的双膝上，妻子正在抚摸那人的头发。自己20年没有踏入家门，竟然有男人出现在自己屋内，刹那间他的内心充满了痛苦和仇恨，斯蒂芬·赫瑞克想冲进去杀掉这对“奸夫淫妇”，就在这种念头达到顶峰之际，他突然想起老板给他的忠告。于是，他强忍内心的愤怒，停了下来。

当晚，斯蒂芬·赫瑞克没有进入家门，而是露宿在野外。天亮时，他再三告诫自己说：“我不能杀死我的妻子，我要回到老板那里，求他收留我，在这之前，我想告诉我的妻子我始终忠于她。”然后，斯蒂芬·赫瑞克敲响了家门。开门的正是妻子，她见到了日思夜想的丈夫，便一头扑在丈夫的怀里。斯蒂芬·赫瑞克想把怀里的妻子推开，但没有做到。他留着泪水说道：“这20年里，我对你忠诚无比，没想到你却背叛了。”

妻子一听，擦去喜悦的泪水，说：“我等你等了20年，没有做对不起你的事儿，更没有背叛你。”

斯蒂芬·赫瑞克一愣，说：“昨天晚上，我看到一个男人出现在家里，难道这不是背叛吗？”

妻子一下明白了，说：“你误会了，那是我们的儿子，你走时我已怀孕，今年孩子刚刚20岁。”

说着把丈夫拉进家门，叫出儿子，父子二人紧紧拥抱在一起。当天晚上，一家人坐在一起吃团圆饭，斯蒂芬·赫瑞克一边讲这些年在外打工的经历，一边拿出剩下那个的面包，打算掰成三分，一起分食。当他掰开时，发现里面有一笔钱，是他20年辛苦劳动赚来的工钱。

在这个故事，如果不是老板临别前的忠告，斯蒂芬·赫瑞克很可能会杀死妻子和自己的儿子，一旦悲剧发生，他会为此后悔一辈子。所以，无论我们多么的愤怒，都要冷静下来，不然的话就会因为愤怒而干出愚蠢的事情。

与其生气，不如把负能量变成正能量

心理学家阿尔弗雷德·安德尔在对人类行为和人类潜能进行深入研究后得出一个结论："人类的一个最奇妙特征，就是具有把负能量变成正能量的能力。"生活中，会有很多这样的故事，一位名叫瑟玛·汤普森的女士就是其中之一。

战争年代，瑟玛·汤普森的丈夫驻守在加州莫嘉佛沙漠附近的陆军训练营里。为了能和丈夫生活在一起，她也搬过去了。瑟玛·汤普森非常不喜欢那里的环境，甚至达到深恶痛绝的地步。每当丈夫出差的时候，她一个人待在家里，感到前所未有的孤独，除了印第安人之外，她找不到可以说话的人，但是居住在那里的印第安人不会说英语。最让瑟玛·汤普森受不了的是那里的天气，即使在非常大的仙人掌阴影里，也有125华氏度的气温。那里整天刮风，吃的食物，呼吸的空气里都有令人讨厌的沙子。

那时候，瑟玛·汤普森的生活也因此变得一团糟，为此她苦恼极了，动辄就发脾气生闷气。她写信告诉父母，想要回家，并且是那种一分钟也不想多停留的念头。终于盼到回信，虽然回信里只有短短两行字，但它们对瑟玛·汤普森的影响确是巨大的，她的人生因此发生改变，那两行字成为她的人生座右铭并一直留在记忆里，这两行字是：两个人透过监狱的铁栏，一个人看见烂泥，另一个人看见星星。

当时，反复念了几遍这两行字，心中既充满希望又充满愧疚。于是，瑟玛·汤普森暗暗下决心，一定努力发现自己身边的美好，成为那个看见星星的人。

于是瑟玛·汤普森开始走出大部分时间都只有她一个人的生活圈子，开始尝试着跟当地人交朋友，那时候她才发现他们是那么的友善和好客。她刚一表现出对他们编织的布匹和制作的陶器感兴趣，他们马上毫不犹豫地挑选自己喜欢的样子送给她，甚至不肯卖给观光客也要给她。瑟玛·汤普森因此也开心起来，当再看见仙人掌和丝兰的时候，她发现它们是如此的令人着迷。在那里生活的那段时间，瑟玛·汤普森还了解到很多有关土拨鼠的事情。那时候有一件令她非常喜欢做的事情，就是踏着沙漠上的余晖寻找贝壳——因为这里300万年前是沧海。

沙漠没有变，印第安人没有变，让瑟玛·汤普森产生变化的是什么力量呢？是她在变，她的心态变了。现在的心态，让以前看来令人沮丧的境遇变成了充满刺激和冒险的境遇。在这个样的境遇里我感动着、兴奋着。

后来瑟玛·汤普森将这次经历写成小说《光明的城堡》……鼓励人们成为从监狱的铁栏往外看，找到了星星的那个人。

威廉·波里索曾说过："人生中最重要的不是将收入当作资本，傻子都会这样做的。重要的是从损失中获益，这可是需要聪明的才智，也正是智者和傻瓜的区别。"

1929年，奎恩·拉提法砍了一大堆准备用来做菜园里支架的树枝装在车上，在他向回走的途中，忽然一根树枝滑到车下，把引擎卡住了，车子在一个急转弯后就冲出了公路，奎恩·拉提法被甩到一棵树上，脊椎严重受伤，双腿也麻痹了。那时，奎恩·拉提法才24岁，但从此以后他再也没站起来。

当时的奎恩·拉提法快崩溃了，人生才过去24个年头就要面对终身坐在轮椅上的命运，刚开始他的内心充满了愤懑，痛苦不已，整天埋怨上天不公平。随着时间的推移，奎恩·拉提法森发现除了自己的脾气越来越糟糕，心情越来越低落之外，什么都没有发生改变，他的抱怨、他的坏脾气没有一点用处。

有一天，奎恩·拉提法终于意识到，大家对他一如既往的好，甚至比以前更关心他，他应当有所回报。于是，他开始不停地读书，14 年的时间里阅读了许多本书，他对文学产生了兴趣。在书的带领下他走进了一个全新的世界，他的生活也因此变得丰富起来。他还开始尝试听优美的音乐，那些他以前听起来非常烦闷的交响曲，现在却令他十分感动。他认为他生活最大的改变就是有足够的时间思考了。后来，他成为一位小有名气的作家，给读者奉献出感人的励志作品。奎恩·拉提法就是通过对生活态度的转变，把负能量转化成正能量，他成功了。

即便是在最困难最痛苦的时候，一个人必须要有面对自己的勇气，知道自己是谁，挖掘自身的价值，根据自身的价值采取行动。如果你不在生活面前逃避，我们的正面能量会将它自身的能量传送给未来。你就不会再生气，你的生活也就变得丰富多彩。

没人会喜欢你生气的样子

刺鲀是一种海洋生物，被称为“海底小刺猬”。正常情况下，它的外形和普通鱼类没有太多的差别，模样还显得比较可爱。它们长着厚实的小嘴，水汪汪的大眼睛，皮肤像一件深浅相间的花衣服。但是我们千万别被它的外表迷惑了，当刺鲀生气或是受到侵犯和攻击时，它的表现会让我们大跌眼镜，它会在极短的时间内鼓成圆球，尖细的长刺覆盖着整个圆球状的身躯，先前可爱的模样消失得无影无踪。

动物能表现出如此状况，更何况我们人类呢？

著名散文家、学者、文学批评家、翻译家梁秋实曾说过："一个人在发怒的时候，最难看。"一个人生气发怒时，我们会用"龇牙咧嘴"、"吹胡子瞪眼"、"暴跳如雷"、"七窍生烟"、"横眉怒目"、"张牙舞爪"等词来形容；当妇女生气发怒的时候，常被人们说成是"泼妇""母老虎"等。可见，人在生气发怒时会出现各种各样的丑态。

英国有位富商的女儿叫格蕾丝，她非常爱美，但是唯一不足的是爱生气，稍不顺心就火冒三丈。身边的人一旦招惹了她，格蕾丝不是打闹就是破口大骂，有时还会放声大哭。有一天，正当她生气的时候，母亲拿出一面镜子放在她面前，这时她才看到，自己在镜子里竟然是这般模样：满脸通红、眉头紧锁、双目圆瞪，两手叉腰，与一个泼妇没有什么两样。羞得她顿时无地自容，这时她才醒悟过来，原来生气时竟然是这般丑陋不堪。

从此，每当格蕾丝想生气时，眼前就会浮现出自己生气时的丑陋模样。一想到自己生气竟然是如此的难看，就不再乱发脾气了。

生活中，我们经常听到"嘴巴气歪了"这样的话，这不是夸张，恼怒之下，肝火特别旺盛，就会引起上火，轻则口舌轻生疮、重则嘴巴变形。所谓的生气会伤及皮肤，指的是生气时面色憔悴、双眼水肿、皱纹横生。有人因为经常生气，在短时间内面容大变，前后判若两人，正验证了那句话——“人未老而身先老”。

医学研究表明，生气、发怒不仅可以使女人变丑、加速衰老，还会引起色斑沉着、月经不调、乳腺增生、胃溃疡、心肌缺血等疾病。

在学生们的眼里爱丽丝是一位好老师，但是她平时比较“凶”，只要学生犯了错，无论大小，她都会很生气，并且会给予对方严厉的批评，因此学生们都怕她，甚至不愿意和她多说一句话。为此，爱丽丝大伤脑筋，她为自己失去学生的信任感到非常失败和难过。渐渐地，爱丽丝对工作失去了信心和热情，人也变得闷闷不乐。

后来，爱丽丝认识到问题出在自己的坏脾气上，于是她决定改变自己。周一，她穿上一身充满活力的鲜艳衣服，脸上挂满笑容走进校园。正当她走在通向教室的路上，突然从背后飞来一个皮球，狠狠地砸在爱丽丝的背上，“肇事者”是班里的调皮大王迈克干的。迈克一看自己闯了祸，顿时吓傻了，但是让他没有想到的是，爱丽丝非但没有生气，反而从地上拾起皮球递给迈克，拍拍他的肩膀笑着说：“没关系，老师不怪你。”迈克用惊诧的目光看着爱丽丝，说：“老师，你的笑容真好看。”课堂上，爱丽丝也不像以前那样表情严肃，学生回答不出问题，她也不恼怒更不生气，而是耐心地引导和启发对方。对于那些没有按时完成作业的学生，她也不在大发雷霆，而是和声细语地细心教导。放学时，班里一向羞涩不爱说话的莉莉对爱丽丝说：“老师，你今天真的很漂亮！”

没有一个学生会喜欢爱生气、爱发火的老师。爱丽丝通过自己的改变明白了一个道理：没有人会喜欢自己发怒时的样子，她为自己及时做出的改变感到莫大的庆幸和快乐。

我们要想让他人喜欢自己，不生气是最为基本的前提。这个世界不欠你的，别人更不欠你的，你在他人面前板脸子、生气，对方不会为你的生气买单，更不会去讨好你生气时那张丑陋的面孔。所以，生气只能伤害自己，对自己百害无一利。

不要为一些琐碎的小事而生气

无论在家中、单位里、朋友聚会的餐桌旁，甚至走在大街上，你都会遇到各种各样的烦心小事，你可能会为这些小事而生气。静下心来认真想一想，很多让你烦恼的事其实都不值得你去计较。当你生气的时候，不妨转换角度想一想不该生气的理由，这样就释怀了。

古时候，有个人每当生气或与他人发生争执时，他就以最快的速度跑回家，绕着自己的房屋和周边的土地跑三圈，等跑累了，就坐在田边喘气。他是一个非常勤劳的人，在他的辛勤付出下，家里的房屋变得越来越大，拥有的土地越来越多，尽管如此，只要他一生气，照例绕着房屋和土地跑三圈。对于他的行为，许多人心里充满疑惑，问他时，他却笑而不答。

就这样，从年轻跑到老年，他拥有的房屋和土地已经非常的大了。一天，他步履蹒跚，在孙子的陪同下，艰难地绕着房屋和土地走了三圈。当他完成了这一过程后，坐在田边休息时，太阳已经落山了，孙子坐在他身边，诚恳地问道："爷爷，您这么大年纪了，邻居的房屋和土地都没有您的多，您的身体也不像从前那样结实了，您能不能在生气的时候，不再绕着土地跑呀。另外，您能不能告诉我，为什么一生气就绕着土地和房屋跑三圈呢？”

孙子的眼中充满了疑惑，老人微微一笑，接着摸了一下孙子的脑袋，说出了心中多年的秘密。老人说：“年轻时，每当与他人吵架、争论、生气的时候，我就绕着房屋和土地跑。”说到这里，老人停顿了一下，接着继续说道：“我的房屋这么小、土地这么少，根本没有时间和资格与人家生气呀。每想到这里，我心里的火气就全消了，于是我就把所有的时间用在劳动上，所以才有了今天的这些家产。”

老人的这种行为和想法，的确出乎所有人的预料。现实中，每个人都会遇到让自己生气的小事，当你要生气的时候，应该想：我哪有时间来生气？我应该去做更重要的事，我的现状不容我生气。如果你已经拥有很多，应该想：既然我已经拥有这么多，我更没有理由生气了。这样，你也就能放下生气的坏情绪了。

英国作家迪斯雷利曾说：“为小事而生气的人生命是短促的。”法国作家莫鲁瓦进一步解释道：“这句话可以帮助我们忘却许多不愉快的经历。我们常常为一些不令人注意、因而也是应当迅速忘掉的微不足道的小事所干扰而失去理智。我们生活在这个世界上只有几十个年头，然而我们却为纠缠无聊琐事而白白地浪费了许多宝贵的时光。”的确，生命如朝露昙花般的短暂，生活还有那么多值得我们去欣赏和感受的美好，何必让自己为那些明天注定要被遗忘的事情而始终不能释怀呢！

曾经，有一个小肚鸡肠的人常为了小事而生气，自己心情不好，也不让身边的人好过。他想改过自新，但又无法控制，便去求一位大师为自己开解。

听他说完后，大师就把他带进了一间漆黑的柴房里，并且悄悄在门外上了锁。男人在开始还破口辱骂大师。但是，不管他怎样恶言相向，大师连理都不理他。见到收效甚微后，男人便换了伎俩，他开始苦苦哀求大师放他出来，大师就好像什么都没听见一样。后来，男人终于不说话了。

这时，大师走到门外问他："是否还生气？"

"只恨我生性愚钝，跑到这里受这个罪。"男人答道。

大师叹道："不能做到原谅自己的人，还谈什么心如止水呢，简直是荒谬！"言毕，拂袖而去。

大师半个时辰过后又来问男人："现在是否还生气？"

男人说："不生气了。"

大师问："这是为什么？"

男人答道："生气也没用。"

大师说："你心中仍有怨气。"然后，又离开了。

大师于一个时辰后再次来到门前，男人说："我不生气了，因为太不值了。"

大师笑道："心中尚有气根，还知道去衡量值不值得。"

"究竟如何去做，才能不气呢？"男人不解地问道。

打开房门后，大师便将手中的茶水洒在地上。男人顿悟，当即拜谢而去。

现实中的很多事情，人们往往没有权力也没有能力去左右，而只能对那些触怒自己的人与事表示生气。大多数人觉得，为那些事生气是非常合情合理的，自己不开心也是事出有因的。在这样看似很合理的心理作用下，人们便允许自己因为各种小事生气。要知道，生活中的小事太多，如果总用生气的方式来对待，到头来，受到伤害的首先还是你。这无数件坏事就会一点点夺走你快乐的心情，在坏情绪的影响下，一切事情都让你觉得碍眼，原本只有很小杀伤力的坏事像滚雪球一样越滚越大，小小的坏情绪堆积到最后可能会对你的生活造成重大的影响。

娜塔丽原来的公司因经营不善倒闭了，大家纷纷另谋高就。由于她学历低，没有太多的工作经验，去了许多家公司，均没有被录用。

一天，娜塔丽如约到一家公司面试。那家公司处在十六楼，幸好是上班时间，当时等电梯的人并不多，除她外只有另外两名男子。电梯门开后，三个人相继进入电梯间，就在电梯门即将关闭的一瞬，突然从外面伸出一只手，挡住了正常关闭的电梯门。紧接着，一个怒气冲冲的男人冲进来，冲着娜塔丽劈头盖脸地说道："你的耳朵有问题吗？我喊了半天，让你等一会儿，难道你没有听见吗？"

狭窄的电梯间内，气氛一下子变得凝重起来，另外两位男子看着她，想知道她如何对应眼前这位发怒的男子。让他俩没想到的是，娜塔丽丝毫没有生气，反而用平和地语气说："实在很抱歉，刚才我真的没有听到。"

有了这样的解释，那位生气的男子也只好作罢，不再说什么了。

等待面试时，娜塔丽意外地发现，面试考官竟然就是刚刚在电梯里的那两个男人。显然，她被录用了。考官没有询问娜塔丽的学历、工作经历，只问了一个问题："你为什么不生气？"

娜塔丽解释道："他嚷也嚷了，骂也骂了，我再和他生气争吵，没什么意义。我今天是来面试的，不想因为这些事搞砸了心情，影响面试的状态。况且，既然同乘一间电梯，说不定他也在这栋写字楼里工作，甚至还有可能会是我将来的同事，抬头不见低头见，何必为了这点小事结怨呢？不值得。”

的确，只有不去斤斤计较，不被这些小事影响了心情，你才会拥有好的人缘与心情，这也是一个人走向成功的有效途径。元朝的忍学大师许名奎在他的著作《劝忍百箴》中劝世人多一些忍耐，不要被小事束缚。他认为，顾全大局的人，不拘泥于区区小节；要做大事的人，不追究一些细碎的小事；观赏大玉圭的人，不细考察它的小疵；得到巨材的人，不为上面的小虫孔而怏怏不乐。如果你浪费太多的力气在小事上面，反而无暇注意生命中更美好、更伟大的事物。纠缠在小事之中摆脱不掉，只会令自己更加烦恼，只会增加你生气的动机。

人生苦短，幸福和快乐尚且享受不尽，哪里还有时间去生气呢？凡事都要看开、看透、看远、看准、看淡，保持一种超然淡泊而又洞若观火的心境，你就不会再为小事而烦恼。以平和的心态对待生活中的小事，才能享受到生活本来的快乐与幸福。

活着不是为了生气，品味人生才是根本

有人说，人活在世上就是受苦受累的，其实这是一种悲观的错误认识。每一个人一生都不可能一帆风顺，对于有些无法改变的事实，只能试图去接受和理解。人，活着不容易，哪怕很多时候已经近乎喘不过气来，也不要生气、不要抱怨、不要苛求，毕竟人活着不是为了生气，享受生命

的过程才是根本。

印度是一个充满智慧的国度，有一天，一个叫达尔瓦迪的少年先对着地上的一张废弃纸破口大骂，然后用脚踩在废纸上，上下来回地踩。恰在这时被路过的一位智者看到。这位智者须发皆白，看此情景，智者轻轻摇了一下头，问道："年轻人，你为何对一张纸发牢骚。"达尔瓦迪停下动作，看了一眼面前的智者，没有出声。智者见他不说话，本打算离开，就在他刚转身之际，达尔瓦迪又开始重复先前的动作。智者收回迈出的步伐，示意少年停下，并弯腰拾起那张废纸，看了一下字迹，不禁笑了起来。达尔瓦迪对于智者的笑非常不解，想着可能他在看到自己如此的丑字后而生出的讥讽嘲笑，他想到这就更加气愤地说道："我如此鄙陋的字真的有这般可笑吗？"

"我是笑你太傻，字是死的，人是活的，熟能生巧的道理你是懂的，多加练习肯定会好的，怎么会为这个而生气呢？要记住你活着不是为了生气，你发脾气、使性子，除了对自己身体和心理有害以外，一无所获。"智者笑着说道。

达尔瓦迪听完后，有所顿悟，原本的火气也都消失殆尽了，便开开心心地继续练起字来。

很多时候，置身事内的人不知道事情的真相，只会追究事物的表象而徒生烦恼。达尔瓦迪只是纠结于自己不能够很好地练字，字写得不好看，他并没有去思考为何如此，该怎样去解决，而是单纯地对着自己写的字的废纸发怒，最终心情坏透了，也不能解决问题。人活着不可避免这事那事，如若都像这个少年这般，遇事只会生气、抱怨，必将一事无成。人为何而活，是为解决问题，是为追求更好的生活而活。

兰花历来受文人墨客们喜爱，然而红尘之外，兰花的品性更加契合于修行悟禅的出家人，静修禅师就是其中之一，他对兰花的喜爱早已超越普通人的理解。

静修禅师除了讲经说法外，几乎把其他的时间全都用在研究和种植兰花上。为此，他在寺庙里开垦一块荒地专门种植兰花，寺内的小和尚们只知道师傅喜爱兰花，至于喜欢的程度，他们无从知晓。

有一天，静修禅师要外出讲经，出发前，把小和尚们叫过来，对他们千叮咛万嘱咐，要求他们一定要照顾好。小和尚们谨遵师傅的嘱托，每天认认真真地照顾那些兰花。就在静修禅师离开寺庙的第三天，一个小和尚在为兰花浇水时，被美丽的兰花深深吸引，一不小心，他竟然撞倒了身边的一盆。小和尚扭身一看，顿时吓得不行，那盆被他撞倒的兰花，枝丫全部折断，更让他害怕的是，平时师傅最喜欢这盆兰花。小和尚面色苍白，愣愣地呆在那里，其他师兄弟们看到后，纷纷放下手中的活计，帮小和尚把受伤的兰花移栽到另一个花盆中。

不久，静修禅师回来了，大家都避而不谈毁坏兰花的事情。静修禅师似乎也没有看到他心爱的兰花已经受到重伤，每天依旧做自己该做的事情。师傅没有责怪自己，那位闯祸的小和尚内心里很不是滋味，于是他终于鼓起勇气，向静修禅师说出了事情的真相，希望师傅将自己逐出山门。

小和尚说这话时，静修禅师正在给兰花修剪枝条。他没有生气，反而平静地对跪在地上承认错误的小和尚说："快起来吧，我没有生气。"

小和尚不解地问道："师傅，那可是你最喜欢的一盆兰花呀，难道你真的一点都不生气吗？"

静修禅师直起身子，微微一笑，搀起地上的小和尚，说："我当然喜欢它，但不能因为我喜欢而生你的气呀。”

小和尚脸上写满疑惑，静修禅师解释道：“我平日里栽种兰花，一是兴趣所致，二是用于供佛，三是美化寺院里的环境。我不是因为生气而种植兰花的，如果因为它而心生气恼，那么我宁愿不种它们。”

静修禅师爱兰花，仅仅是喜爱，不会因兰花损坏而心生怨气。这就好比，即便其他和尚们帮他培育更多更优秀的兰花，他也不会表现出异常的心理行为，不是不喜欢，而是爱兰花的境界已经升华到心中无兰。静修禅师不以物喜、不以己悲的心情看待事物，是一种超乎普通人的人生修为，他不会抱怨和生气，因为他知道活着是为了感受生命的过程，而不是用来生气的。

许多时候生气的根源，是对错误的执着

每个人都希望自己活在幸福之中，最不希望自己天天活在生气之中。人生在世，生气是每一个人都要经历的情感宣泄方式。那么，人为什么会有那么多的气可生呢？主要原因是很多时候我们在盲目地追求着一种错误的东西。因为我们无论做任何事情，都不可能避免出现错误，甚至有些时候是方向性的错误。如果认识到自己的错误，调整心态，可能就不会生气；如果执迷不悟，只能通过生气的方式表达自己的不满。我们知道，执着是一把双面刃，该放弃时不放弃，痛苦的折磨直接导致你气大伤身。

桑德斯是美国一所大学的学生，他这个人什么都好，唯一的缺点就

是为很多事情而生气。比如说他做事情时，一定要做到最完美的程度，一旦有些瑕疵，他就为此生气。曾经有很多人告诉他，只要用心去做努力去做，就可以了，不必为缺憾而自责自己。桑德斯也想改变自己，但他却走不出来。

一天早晨，全班同学到实验室里做实验。老师保罗·布兰德威尔因为其他事情，耽误了吃早餐的时间，他便带着一瓶牛奶来到实验室。他把牛奶放在讲桌的一角，先给大家讲解做实验时应注意的相关事项。就在他扭身之际，一不小心手臂碰到了桌角的牛奶瓶。

“啪”的一声，牛奶瓶碎在地上，牛奶流了一地。

保罗·布兰德威尔一时显得很无奈，不过在短短的三秒钟之后，他的表情完全改变了。他看了一眼地上的牛奶，努了一下嘴，笑着说：“多么美好的早餐啊，看来我无法享用了，那就让我的肚子抗议去吧！”

保罗·布兰德威尔老师的话，引得一片笑声，有的同学说：“老师，我帮你出去再买一瓶吧。”有的干脆拿出自己包内的牛奶，高高举过头顶，摇晃着说：“老师，我这里有，我把牛奶无偿奉献给你。”

保罗·布兰德威尔老师谢绝了同学的好意，说：“牛奶我们可以继续拥有，问题是刚才打碎的牛奶，我永远无法拥有。”说到这里，保罗·布兰德威尔喊出桑德斯的名字，说：“桑德斯，你认为我该怎么办？”

桑德斯知道老师的目的，但他还是翻不过心理中的那道坎，说：“如果我把牛奶打碎了，我会很心疼，会伤心一阵子。”

保罗·布兰德威尔没有直接指出桑德斯的不足之处，只是委婉地说：“你回答得很好，任何东西我们都要珍惜，更何况是食物呢。可是，一旦我们失去了，那么就应该用理性的心态去面对现实去承认事实，然后把这件事忘掉，因为前方还有更好更优质的牛奶等着我们。”

保罗·布兰德威尔讲完后，继续上实验课。这虽然是一节普通的实验课，但对桑德斯来说，意义非常重大。老师的话，短小而精炼，像一盏明灯照亮了他的内心，从此以后他渐渐克服掉自己身上爱生气的坏毛病，回归到正常的行列之中。因为失去的已经失去了，再伤心也没用，我们要积极地面对发生的每一件事情。

二战时，美国人罗勃·摩尔在一艘潜艇上担任瞭望员。一个早晨，摩尔透过潜望镜发现，有一支小型日本舰队正在向己方逼近，其中包括一艘驱逐舰、一艘运油舰和一艘水雷舰。摩尔的上司当即决定，袭击走在最后的水雷舰。

可是，还没等潜艇对日方的水雷舰发起进攻，水雷舰却已发现了潜艇，并且迅速地掉过头来，朝潜艇直冲而来。潜艇只好紧急下沉，以躲避水雷舰的深水炸弹。

果然不出所料，3 分钟内，6 颗深水炸弹同时在潜艇四周爆炸，潜艇被迫下潜到水下 83 米之深。摩尔深知，只要有一颗炸弹在潜艇 5 米内爆炸，立即就会把潜艇炸出一个大洞，后果不堪设想。

接下来，日军的水雷舰连续轰炸了 15 个小时，摩尔感觉比 15 万年还漫长。在死亡般的沉寂中，摩尔想起了过去的生活：参军前，摩尔是一个税务部门的小职员。那时，他总是为工作太累、报酬太低而生气，为升迁无望、前途渺茫而生气，为买不起房子、新车和高档服装而生气，为不太温柔的妻子、不太听话的孩子而生气……那时候，这些事对摩尔来说是天大的事，烦不胜烦。而今，当他置身坟墓般的潜艇，当他面对死亡的威胁，他深深感觉到，那些所谓的生气是多么的荒谬！摩尔暗自发誓，如果能够活着回去，以后一定要热爱生活，不再生气。

水雷舰扔完了所有炸弹，终于开走了。在战友们的欢呼声中，潜艇再次浮出水面。战后，摩尔回到了原先的工作岗位。工作还是那份工作，生活还是那种生活，但他再也没有为生活而烦恼，因为他已懂得，如何去幸福地生活。他在日记里写道："在那可怕的15个小时内，我深深体会到，对于生命来说，世界上任何理由的生气都是那么的微不足道。"

如果没有那次可怕的亲身经历，摩尔可能永远不会有对幸福的真正体会。诚如摩尔所说，相对于生命而言，一切的不如意产生的生气都是微不足道的小事。我们所谓的生气，不过是我们自己和自己过不去。换言之，人生中的许多生气都是因为我们错误的决定和错误的执着而造成的。

由此看来，生气的根源，来自我们对错误东西的执着和追求。所以很多时候，我们所苦苦追求甚至是为之付出许多心血和精力的东西，其实并不一定就是正确的，而既然是错误或不准确的东西，为什么不放弃或进一步纠正呢？人生路上，一个人要学会不断地总结、反思，并在反思中不停地纠正自己的错误，而这样才会避免在错误的方向上一直走下去，这样的人生才会多一分快乐，少一分痛苦。

只要和自己过不去，生气马上找到你

有一句很有魄力的话：这个世界上除了死亡没有什么大不了。当死亡来临的时候才体会到有生以来最深的遗憾。世界上有很多美好值得我们去体会，世界上也有很多东西值得我们去体会，有很多东西值得我们去追求。

人生的道路上遇见挫折和痛苦是避免不了的，但承受忧伤不是你的义务，你没有必要和自己过不去，更没有必要去为此而生气。人生本来既丰富多彩又充满艰难曲折，无论你介意与否，都会遇见成败荣辱、苦乐忧欢……就像马克·吐温说的那样：“谁没有蘸着眼泪吃过面包，谁就不懂得什么叫生活！”

所以我们在为生活奔波过程中，千万不要生气。不管人生大道路上有怎样的遭遇，做你想做的事，爱你想爱的人，完成你想要完成的梦想，别让自己的人生留下遗憾。

有一天，托尼先生在街上遇见了老友贝迪女士。许久未见的两位老友非常开心，于是他们共进午餐，也借此机会叙叙旧。在一起共进午餐的闲谈中间，托尼对这位老友刮目相看，他发现贝迪整个人发生了很大的变化，以前她是个十分忧郁的人，几乎每天都在痛苦和烦恼中度过。而今天坐在托尼对面的贝迪女士，完全是一个幸福快乐的女人，在她脸上托尼看到了一个自信女人的光芒，所有痛苦和烦恼的痕迹都烟消云散。托尼对贝迪说：“真不敢相信，你的变化让我大吃一惊。快点告诉我，是什么让你如此阳光灿烂？”

贝迪笑了笑说：“托尼，你说得没错。我对现在的我真的很满意，因为每天萦绕在我脑子的都是那些快乐的事。”

托尼说：“那我真该祝贺你，你是幸运的。”

贝迪摇了摇头，说：“不，并不是我幸运，而是我自己要让那些快乐的事每天在我的脑海中萦绕。托尼，你知道每天萦绕在我脑海中的快乐是什么吗？其实只是一些很多人都拥有的东西，没有什么他别的。我有一个健康的身体，我有一份不错的工作，我有一个爱我的丈夫可还有一个爱的女儿。我所拥有的这些都是我的终身财富，还有什么比这更珍贵的吗？我还有什么理由让自己活在烦恼中呀？”

托尼知道贝迪的过去，知道她的人生之旅并不是那么顺利。她和丈夫经营了一家礼品店，因为经济不景气礼品店倒闭了，为此她不仅赔上了所有的积蓄，还欠下了很大的一笔债。当时的她感觉到自己整个世界都坍塌了，认为自己失去了一切，也因此丧失了斗志和信心。但贝迪从痛苦中抬起头来，她告诉自己不能因此沉沦下去，虽然当时她的境况并没有好转，但她开始微笑地面对每一天的生活。她用了7年的时间还清所有的债，成就一个自信、乐观的自己。

别跟自己过不去，我们应该感谢生命，珍惜生命。人生旅途，应该为他人、为社会、为自己尽些心力。让别人觉得你不是可有可无的人，你的生命才有意义。别和自己过不去，就要懂得宽恕犯错误的自己。

有时候，因为做错了事情我们就会反复地自责，怪自己太笨，怪自己当时为什么不细心。事情过后责怪自己是一件很不明智的事情，对自己犯下的错误耿耿于怀，实际上就是不能原谅自己。

有时候我们把口号喊得很响亮，宽容待人，为什么我们不能宽容待己呢？

犯错对任何人而说都不是一件愉快的事，在错误面前一个人难免会经历一段灰色的日子，感觉自己像败下阵来的逃兵，害怕别人看你的眼光，你感觉已经没有爬起来的力气。

我们都是芸芸众生中的普通一员，犯错时我们要做的是正视生活本身，然后在经历中学习，确保悲剧以后不会再重演。总结学习过后，我们应该宽恕自己，不让过去的错误成为前进的绊脚石。

世间任何事情都有一个属于它自己的限度，过了这个限度的话，就有好多事情都可能是极其荒谬的，你们应时常肯定自己，尽力发展自己能够发展的东西！只要尽心尽力，只要积极地朝着更高的目标迈进，就会保存向上的动力。

人的一生中会犯很多次错误，所以，凡事不要苛求自己。记得一位哲人说过："同一件事，想得开是天堂，想不开是地狱。"既然如此，那么又何苦为难自己呢？

有一些人总是抱怨自己的生活太累，常常为此生气。其实累的不是生活而是人心。

生活中没有谁强迫你如此忙碌，是你让自己背负了太多的压力。你以为自己足够坚强可以一个人扛起所有问题；你希望获得一个让自己满意的人生，你以为你每天比别人多走一点，你想要的生活就会离你近一点，可是就在你拼尽全力追赶时候，你已经错过了你正在拥有的生活的美好。

当你从焦头烂额中将自己抽身，独自一个人享受生活时，你才发现自己从来没有好好疼爱过自己，一直被责任、金钱和欲望压着，连哭泣的时候都不敢哭出声音。

活得太累，其实就是心累。一辈子的时光不长，若只是为了生活奔波，岂不是在为难自己吗？

人生在世要独立、要有目标，但没必要活得太苦。逼迫自己像上了发条的闹钟一样，一刻不停地高速运转，也许你会收获金钱、地位和成就感，可是健康和幸福未必与你同行。生活中真正的美好，既有前进的动力，也不错过旅途中的风光。

所以，我们不要活得太辛苦，不要和自己过不去，不要把所有问题都自己扛，亲人和朋友愿意做你身后的后盾，支持你，鼓励你。如果累了，靠在亲人的肩膀上休息一下，烦了就找好朋友倾诉一下，没有必要让自己活在因达不到某个欲望而生气中。

和气是迈向长寿的第一步

和气是指态度温和，对待任何人任何事都以和为贵。这是做人的智慧，也是做事的良方，更是不生气的法宝。或许面对任何事都完全做到和气，有一些困难，但是如果心中怀有美好的希望。希望世界祥和，希望人与人之间充满温暖和感动，那么和气就是让我们距离美好希望更进一步的法宝。

或许我们做不到“兼济天下”，但是我们可以“独善其身”。在浑浊、纷扰之间，寻求一份心灵的宁静，在浮躁繁华之中，拥有一些灵魂的闲适。和气就是给自己一份雍容和淡雅，给别人一份自在和轻松。用和气给生命减负，让心境升华。

世界卫生组织的专家指出：“健康是一种身体上、精神上和社会上安全安静的状态。”这个安全、安静的内涵，对于人来讲，就是要有一个平衡和谐的心理状态，也就是一个好的情绪，而好的情绪从何而来？就是要我们保持宽广的胸怀，不要因为一些无足轻重的小事而让自己生气！俗话说，宰相肚里能撑船。就是说我们要保持一个心平气和的心态，不要给负面情绪可乘之机。

清代著名学者李渔在他的《闲情偶寄》中说："心和则百体皆和。"所谓"心和"就是"内心平和"，即在世事繁杂中豁然不惊，把养生、安神、怡情、悦性化作涓涓细流，淌入心田，做到宠辱不惊、遇愁不愁、逢怨不怨，用理智驾驭感情，以平和调整心态。这样就会正气充盈、神清气爽、邪气不入、百病消除。可见，一个积极的情绪对我们的身体是相当重要的。看看生活中那些豁达开朗、积极乐观的人，他们的身体一般都是很健康的；做什么都是孔武有力，很少生病，这样的人一般也比较长寿。反观那些整日萎靡不振、内心消极的人，他们的身体一般都比较虚弱，一遇到天气变化，就很容易生病。从这里可以看出，负面情绪并非只是让我们的心情变差，还可能使我们的身体变差。

已故的台湾百岁老人张学良将军，就达到了这种精神境界。张学良百岁寿诞时，记者曾问起他的养生秘诀，张将军只说了一句话："什么都不放在心上。"这一句话虽然简单，却大有深意。他的大半生被幽禁在深山里，从叱咤风云的将军，变为幽居的囚徒，却能寿享天年，靠的就是"什么事都不放在心上"。什么都不放在心上，就不会因为生活中的一些不平事而让自己动气，就不会因为某些人而让自己耿耿于怀，就能保持一个洒脱的心情，内心的正能量就能源源不断地产生。人生的一切烦恼，归根到底就是在生活中把什么都放在心上，使身心背负着沉重的包袱，因而生活也变得越来越累，越来越辛苦。

生气是百病之源，不仅可以损害一个人的健康，也可以摧毁一个人的生命。中医认为：气，乃身之本也，气顺则体健，气乱也就会体亏。肝火过盛则会导致情绪激动喜欢生气，而容易动气则会反作用于肝、脾等人体的重要内脏，使其正常的运作规律被扰乱，从而引发一系列疾病。金庸先生曾在《不生气，就赢了》这篇杂文中讲过这样一则小故事：台湾有一个叫殷海光的名人，他和雷震合办名为《自由中国》的杂志，花费了十年的心血，却被当局政府一举摧毁。殷海光经常因为想起这段往事而寝食难安，后来，他被查出得了胃癌，49 岁就与世长辞了。

东晋开国皇帝司马睿是被乱臣贼子王敦给活活气死的，面对王敦的飞扬跋扈和蔑视皇权，他极度愤懑却又无能为力，最后“居常忧戚，发病而死”，享年 47 岁。

和气就是放宽情绪的游移之境，放慢情绪的散发之速。用一个字概括就是“慢”。让不好的情绪在宽广的心境之中慢下来，从而幻化为无形。以和养气，就是太极以静制动、以柔克刚、避实就虚、借力发力的境界。

和气就是用一颗宽大的心，迎接所有的纷纷扰扰。不为鸡毛蒜皮的琐事生气。从容岁月悠长，不必计较于一时。“笑一笑，十年少”，不是糊弄众生的调侃之语，而是有其深刻的心理学以及生理学上的科学依据。

愉悦的心情可以促进人体咖啡——内啡肽的分泌，而内啡肽是使人精神快乐、积极向上、健康长寿的重要元素。和气，就是放下。放下得越多，人的心理负担就会越轻，整个生命状态会呈现出笃定、泰然、从容的释然境界，挣扎于俗世生活之中的疲惫的灵魂就会开始向生命的本真靠近。

和气的人有平展的眉毛，迷人的脸庞，笔挺的腰身，润朗的神色，和悦的气质。会由内而外地散发出一种人性的至美之光。面对再急迫的事情，也会举重若轻：处理再焦灼的事情，也会云淡风轻：承受再痛苦的事，也会轻拢慢捻。生命自然悠长而幸福。

人生过得幸福，才是最高的宗旨。快乐是组成幸福人生的主要材料，和气则是通往快乐的重要捷径。人生就是一个辞旧迎新的过程，我们一直在告别今天迎接明天，甚至不能留下我们在这个世界上来过的证据，所以我们要快乐过好每一天。

和气就是放弃悲伤与不快，拥抱快乐，亲吻明媚，一团和气就是距离快乐最近的存在。快乐是生命之源开出的一朵最绚烂的花，和气能够延缓我们生理机能的衰老速度，让我们透过快乐的光源，看到世界的美丽和阳光。

第二章

管控情绪，从此不再被生气困扰

生气是一种与生俱来的天性，是一种情绪外泄的状态，是一种害人害己的模式。无论如何，生气的结果是：气恼、压抑、闷闷不乐、心脏病、仇恨……生气在付出高昂代价的同时，丝毫无助于解决问题。所以，控制自己的情绪，调节自己的情绪，升华自己的情绪，才能达到不生气的状态。

控制情绪，别让冲动毁了你

有人说，冲动是一切悲剧的根源。此话不假。生活中有很多原本老实本分的普通人，由于不能控制自己的情绪，从而产生怒气，结果因为一些鸡毛蒜皮的小事毁了自己的一生，我们来看一个典型案例：

杨某与张某本是母子，母亲杨某改嫁后，跟随母亲生活的儿子张某总觉得母亲对继父的孩子更好，因此经常抱怨母亲，母子关系日益紧张。2007 年 2 月 13 日，张某向母亲要钱买手机遭到拒绝后，一气之下将家里的“敌敌畏”农药投进了早饭中，其母、继父和继祖母吃过有毒的饭菜后很快昏迷。张某见状既害怕又后悔，赶紧拨打了急救电话，其母和继父很快脱离了危险，但继祖母却中毒身亡。20 岁的张某因故意杀人罪被判处死刑。

相关调查显示，时至目前，这种由于一时冲动，怒火攻心而导致的犯罪案件已经远远超过了有预谋、有计划的犯罪案件数量。此类犯罪嫌疑人普遍存在着思想偏激，报复和嫉妒心强烈、爱抱怨甚至仇视社会等共性。有时稍微受到外界刺激，他们便不能容忍。有些悲剧，简直让人匪夷所思。

1965 年 9 月 7 日，世界台球冠军争夺赛在美国纽约如期举行，选手刘易斯·福克斯在开场时，以绝对的优势领先于对手，只要再得几分就可以将冠军收入囊中。就在这个关乎胜败的关键点上，刘易斯·福克斯发现主球上有一只苍蝇，他挥了挥手中的球杆其赶走，可正当附身准备击打球时，那只苍蝇飞了一圈后又落到主球上，他不得不再次停下击打动作，驱赶那只苍蝇。苍蝇在他挥动球杆的动作下飞走了，当他再准备击打时，苍蝇又飞回来了。刘易斯·福克发现，这只苍蝇似乎在专门给自己作对，他非常恼火，挥动球杆赶走苍蝇的幅度比先前大了很多。这下苍蝇总算没有再来干扰他了，然而他的心情却受到极大的影响，当他击球时，没能命中目标，他失去了一次宝贵的得分机会。

由此，刘易斯·福克斯方寸大乱，在比赛中连连失误，而他的对手则愈战愈勇，以极快的速度赶超了他，最终夺得冠军。第二天早晨，人们意外地在附近的一条河里发现了刘易斯·福克斯的尸体，他竟然出人意料地选择自杀！

谁能想到一只小小的苍蝇竟然能打败世人眼中所向披靡的世界冠军！刘易斯·福克斯因为冲动和一只苍蝇斗气，输掉了比赛，输掉了自己的整个人生，这是一件多么荒谬而又惋惜的事情！如果刘易斯·福克斯能用理智控制自己，忽略烦人的苍蝇，专心致志地击球，不要为此分神，不要恼羞成怒，更不要在关键时刻作无谓的斗气，也许他的故事会重新改写。

事实上，面对类似情况，很少有人能够冷静。在 2006 年的足球世界杯决赛赛场上，冲动的惩罚再次上演：法国队灵魂齐达内因为用“头球”将“挑衅者”马特拉齐一头撞倒，被裁判红牌罚下。如果没有那犹如魔鬼附体般地冲动一撞，也许法国人的谢幕会更加完美。然而他选择了简单粗暴，这无论是对齐达内本人，还是对万千球迷而言，都是一个永远无法弥补的缺憾。

所以，遭遇类似情况时，我们要学会冷静，克制住冲动，其前提便是宽容和必要的处世技巧。很多时候，很多人都在抱怨周围的人太不讲理，缺乏道德，其实奢求交往对象都是品德高尚的人，本身就不切实际。与人相处，想要避免类似的麻烦，最重要的是我们自己是否善于自持，是否善于与周围的人相处。而抱怨、生气、争执、愤怒和冲动，不仅是无能的表现，还会使局面越变越糟，甚至毁掉你的一生。

自我管理，做情绪的主人

自我控制是人们管理和调节自己的一种自觉行为，通常来说，自我控制主要是控制和调节好自己的情绪。著名作家高尔基曾说过这样的话："就算是对自己的小小的克制，也能使人变得强而有力。"散文家蒙田在谈论人生时说过这样一句话："心灵之崇高主要不是因为高高在上和遥遥领先，而因为知道怎样控制与约束自己。"

人的情绪是变幻无穷的，人的情绪时而热情，时而冷漠，时而乐观，时而悲伤，时而紧张，时而松弛，时而开朗，时而忧郁。

人的情绪有积极和消极之分。积极的情绪能促人奋发向上，令人在事业上勇于搏击，不断进取，有助于事业上的成功和个人生活上的幸福；消极的情绪能使人沮丧悲观，萎靡不振，令人不思进取，可以导致事业的失败和生活上的痛苦。

当一个人一帆风顺的时候，若能冷静谨慎，就会举止得当，景况越来越好；反之，若头脑发胀，得意自狂，就会忘乎所以，跌跤吃苦头。在挫折和不幸面前顽强奋斗，可以重新点燃生命之火，从“山重水复”走向“柳暗花明”；而自暴自弃，可以使心头结满冰霜，到头来会贻误时机乃至会毁掉自己。

情绪是可以掌控的，尤其是危险情绪更需要我们用尽心力去掌控，否则的话就会酿成大祸。猛将张飞就是因为脾气暴躁、鞭挞部属而招致了杀身横祸。浪荡公子丹特士受凶恶势力挑唆，败坏诗人普希金妻子的名誉，并向普希金提出决斗。普希金一时感情冲动，轻率应战，结果重伤而死，时年仅 38 岁。

医学研究认为，情绪和情感就是我们身体的一种生物反应。痛苦、愤怒、恐惧三种情绪通常被认为属于“危险情绪”，它们的产生意味着会发生危险。

当人们面对那些“危险”情绪时，如果不能及时缓解的话，这些情绪可能变成绝望，会导致悲剧的发生。

美国陆军四星上将乔治·巴顿号称“铁胆将军”，他颇有指挥将才，并且发明了巴顿剑，但他是个暴脾气，训斥部下极为粗鲁、野蛮，有些媒体甚至称他为“美军中的匪徒”。

1943 年 7 月，正值第二次世界大战高潮之际，巴顿被任命为美国第 7 集团军司令，在英国人亚历山大将军的指挥下，配合蒙哥马利将军的第 8 集团军在意大利西西里岛登陆。有一天，他来到后方医院看望伤员。

巴顿来到一位病号前面，问他：“你有什么要求？”

“我要回国。”病号小声回答。

“为什么？”巴顿又问。

“我的神经不好。”病号回答。

巴顿已经有些生气了，但他强压怒火，假装没有听清：“你说什么？”

“我的神经不好，我听不得炮声。”病号适当提高了声音。

这下，巴顿再也忍不住了，他大吼道：“去你妈的神经！你是个胆小鬼！你是个混蛋！”骂完后，巴顿并不解气，他还走上前打了病号一个耳光。看到病号委屈地流泪，他再次大吼：“不许你这个混蛋哭泣！我不允许一个胆小鬼在我们这些勇敢的战士面前哭泣！”

病号受到侮辱，哭声更大了。巴顿的怒火也更大，他再次上前打了病号一耳光，还把病号的帽子丢到门外，并大声对医护人员说：“你们以后不能接收这些混蛋，他们一点问题都没有，我不允许这些没有男子汉气概的混蛋在医院内占位置。”

说完，他又一次对病号吼道：“你必须到前线去！你可能被打死，但是你必须去！如果你不去，我就命令行刑队把你毙了！说实在的，我本该现在就亲手毙了你！”

结果，这件事情很快被媒体公开，在美国引起轩然大波。很多士兵的母亲要求立即撤换巴顿，某人权组织还要求将巴顿送上军事法庭。尽管后来美国军方和政界千方百计为巴顿开脱，力争大事化小、小事化了，但此事最终影响了巴顿的“前途”——1945年，对德战争刚刚结束，巴顿便因脾气暴躁、作风浮躁、轻率，以及政治上的偏见被撤职。

将军训斥士兵，在各国军队中屡见不鲜，唯有巴顿因为不能控制自己的情绪，行为过激引起了全国民众的强烈反对，为其日后撤职埋下了伏笔，可见无论在任何场合，做任何事情，我们都应该冷静、沉重，把握好分寸。

一个人要想不生气，就要掌控自己的情绪。那么，如何做自己情绪的主人呢？可以试着从以下几个方面来做。

1. 确认你真正的感受

即知道自己的真实感受是怎样的，这种情绪是积极的还是消极的，是正面的还是负面的。

2. 肯定情绪的功效

在确定真实的感受之后，要明白这种感受带来的情绪上的影响，以及这种情绪能给自己的生活及各个方面带来怎样的影响。

3. 好好注意情绪所带来的讯息

譬如可以运用下面四个问题，来帮助自己获得情绪的讯息。“到底我想怎么样？”“如果我不想这么继续下去，那要怎么做呢？”“对于目前这个状况我要如何处理才好？”“我能从其中学到些什么？”

4. 要确信你不但今天能掌控，就是未来亦然

不仅是在坏情绪到来时可以一时意气或凭着即刻的意识控制自己，就是在将来任何时候都能把握好自己的心情。

5. 要有自信

不单是要对美满生活的相信，更要相信自己能够控制住自己的情绪，相信自己的心情不会受坏事情的影响。

6. 要以振奋的心情拿出行动

要充满激情，以高度灵敏的态度和处事原则在调控好坏情绪后，做出理智的判断和决策。比如一个很成功的销售冠军，跟一个根本就卖不出产品的业务人员，谁的销售量比较多？当然是销售冠军，谁遇到的挫折挑战比较多？当然也是销售冠军。销售冠军遇到的挫折挑战多，领导者遇到的问题更多。但是要正常工作，就要快速地调整自己的情绪，镇定自若地去面对一些挑战和问题。

7. 强烈的肢体动作会创造出很好的情绪

一个人情绪不好，萎靡不振，不想做任何事，你拉到他舞厅里面去跳舞，当他跳舞跳到很巅峰状态的时候，你开始问他，今天情绪不好是因为什么事情？他正在跳舞，跳得很疯狂。这个时候你问他，他当然想不起来他情绪不好的事情，因为他通过改变他的肢体动作，已经调整了他自己的情绪。

8. 注意力会影响到人的情绪

控制情绪要调整自己的注意力，如果你把注意力放到很好的地方，就会得到很好的结果，如果注意力在不好的地方，你就得到一个很不好的结果。

9. 维持良好的心境

心境是一种较为持久的、微弱的、影响人的整个精神活动的情绪状态，正常情况下，心境遇上美好的事情，会让人产生“万事称心如意”的感慨，让人精力充沛，思维敏捷，信心倍增，遇到困难容易克服。

10. 直指目标法

譬如，你觉得领导对你不公正，或者单位的某个制度比较糟糕，你可以找个合适的时机给你的领导反映，并说明，你觉得向他反映是最好的途径，这样做可能会有意想不到的收获。然而，无论如何，你不应该在同事之间抱怨，更不应该向下级传达你的不满和消极情绪，这是领导的大忌。假如你觉得谁的确对不起你，请找个时间把你的意思直接向他表达出来，千万注意，别带有任何的情绪，平静地说出来，你就达到你的目的了。

11. 第三方发泄法

有一个叫《蝴蝶的秘密》的故事中说到一句最重要的话是，无论一个人的外表看起来多么强大，他的内心永远都是脆弱的。因此，任何一个人都是需要安慰的。在美国，有一种告解室，当你对着一个屋子说话的时候，它里面会有简单的回应，事实上是机器在回答你，嗯，是的，等等，但却很有效果。它可以让情绪获得缓解。在日本一些公司，专门有这样一个屋子，当你对领导不满的时候，可以去里面打领导的模型像，也可以摔东西，骂脏话等等，都是为了达到缓解的目的。

万事随缘，烦恼皆因看不开

为什么同样是人，有人总觉得自己有太多的无奈，有太多的烦恼，有太多的痛苦，太爱生气，总觉得生活没意思呢？而有的人，尽管身处逆境，甚至朝不保夕，却一如既然往地乐呵呵呢？说到底，这是一个能否看开的问题。

看开，或者说看破、看透、看淡，说白了就是别把不如意的事放在心上。人生就像一场戏，既有鲜花美酒，也难免苦涩和荆棘。既然不能处处遂意，那我们为何不学着看开一些，尽量随缘呢？很多时候，我们的苦恼都源自于过分强求“天遂人愿”，而不肯放弃执着，“人随天缘”。然而谁都知道，所谓的“天遂人愿”、“万事如意”，不过是人们的美好祝福。但是我们坚信，快乐不在于拥有什么，快乐与否其实取决于个人的心境、为人处世的态度，以及看待问题的角度。当我们放下了强求和执着，烦恼又怎能植根于我们快乐的心田?

古希腊哲学家苏格拉底富有智慧，一生快乐洒脱。

年轻时，苏格拉底和几个朋友合住在一间只有几平方米的小屋中。居住环境这么糟糕，苏格拉底却一天到晚满脸灿烂，总是乐呵呵的。

有人不解："那么多人挤在一起，生活多不方便，你有什么可高兴的?"

苏格拉底说："朋友们住在一起，随时可以交流感情、交流思想，这难道不值得高兴吗?"

后来，朋友们陆续成了家，一个个搬了出去，只剩下苏格拉底一个人，但他每天仍然很快活。

那人又问："孤孤单单一个人，有什么好高兴的?"

"我怎么会孤单呢！我有好多书啊！一本书就是一个老师。和这么多老师在一起，时刻都可以向它们请教，这怎么不让人高兴呢?"

几年后，苏格拉底也成了家，他和妻子搬进了一座大楼中生活。大楼共七层，苏格拉底住在最底层。楼上的人经常往下面泼污水，丢死老鼠、破鞋子等脏东西，但苏格拉底还是一副自得其乐的样子。

那人又问："住在这样的房子里，你也感到高兴?"

苏格拉底笑呵呵地说："你不知道，住在底层的好处多着呢！比如：进门就是家，不用爬楼梯；搬东西方便，可以省很多力气；朋友道访时，不用爬楼梯；等等。最让我满意的是，可以在空地上养一些花，种一点菜。这些乐趣，住在楼上的人永远也享受不到。"

过了一年，苏格拉底与一位住在七楼的朋友换了房子，因为朋友家有一个偏瘫的老人，上楼很不方便。但是，搬到七楼的苏格拉底照样每天快快乐乐。

那人又问："你现在失去了住底层的乐趣，又有什么好高兴的呢？"

苏格拉底说："你不知道，住在七层的好处实在是太多了。比如：每天上下楼，可以锻炼身体；房子光线好，看书写字不伤眼睛；没有人干扰，白天晚上都很安静；等等。这些，可是住底层的人享受不到的。"

后来，那人问苏格拉底的学生柏拉图："你的老师总是那么快乐，可我为什么总觉得，他的处境并没有多好呢？"

"你有什么样的心境，就有什么样的心情。"柏拉图回答。

"你有什么样的心境，就有什么样的心情。"说得多好！回想一下，我们生活中的不尽如人意，与苏格拉底相比也差不了多少。但是我们是否应该注意到，当烦恼光临时，我们往往是把注意力集中在它的负面上，不会自宽自解，不能看开看淡。当然，只要我们具备了豁达的心胸，能够积极乐观地去看待生活中的烦恼和逆境，我们也可以豁然开朗，做回快乐的自己！

凡事看开的人，收获的也不仅仅是快乐。现代人都知道，心理情绪会影响生理健康。看开之后，就不会在斤斤计较的情绪漩涡中挣扎徘徊；看开之后，就不会为得不到和已失去茶饭不思、辗转反侧；看开之后，就不会为现实生活中的不公正待遇心理不平衡……这些，都有助于我们保持愉悦的心境，都有益于我们的身心健康。虽然我们不能像某些人说"吸一支烟少活一天"那样来计算看开对于健康的重要性，但古今中外，但凡高寿者，却无一不是心胸豁达、不计小节者。

著名影星翁美玲在自己的事业最巅峰的时期，以结束自己年轻的生命作为自己最终的选择，媒体传闻是因为感情上受到了挫折。她在自己的一篇《我的明星生涯》的文章中这样描述过自己的生活：“晨昏颠倒……本是手无缚鸡之力，却要舞刀弄枪变成江湖侠女，工作之余要出席很多招待会，面对不同阶层的人，最要命的是必须发挥强大的忍耐力和意志力去对付那些耸人听闻的新闻……”

曾经的一部《射雕英雄传》将一个近乎完美的翁美玲展现在世人的眼前，她本可以在自己看似无限风光的人生之旅中去收获更多的鲜花与掌声。但正是这看似炫目的花环与惹人生妒的掌声，将自己完全束缚其中，从而让这花样的生命走上了绝路，留给世人抹不掉的遗憾与惋惜。

梭罗是《湖滨散记》的作者，他为了写好书，而跑去森林中度过两年的隐士生活。他以种豆和玉米为食，摆脱了一切剥夺他时间的琐事俗务，专心致志去体验林间湖上的景色和他心灵所产生的共鸣，从中发现许多道理，而完成了这本名著。

很多人背负着太多的负担，筋疲力尽地生活着。但是，你静下心来想一想：这些负担都是有必要背负的吗？人在更多的时候是由于自己的贪婪，急功近利，力求完美，而背负了一些不必要的负担。

生命里填塞的东西愈少，就愈能发挥潜能。要做到拿得起放得下，关键要包容自己，也尽量理解别人。别计较太多，别承载太多，学会放下，像雪松那样弯下身来，放下重负。选择一种弹性的生活方式，为自己在压力面前营造一种积极的心态，让自己烦恼不再，还自己心灵一份淡然与宁静。

总之，上苍赐予我们生命，绝不是让我们用来烦恼的，更不是用来生气的。人生苦短，容不得太多的负重，做人要拿得起放得下，做事要任何事都看得开。当你达到了“日啖荔枝三百颗，不辞常作岭南人”的境界，人生自然就不会再有什么沮丧和悲哀了。

不要被愤怒牵着鼻子走

心理学将情绪分为喜、怒、哀、乐四大类。其中，怒是一种很普遍的不良情绪，它会让我们失去冷静和理智，更会让我们在生气中做出出格的事情。

生活和工作中，很多事会让我们不顺心，很多人也会让我们难以忍受，这些都会引起我们的怒火。很多人发怒之后，不能够控制自己的怒气，他们会被愤怒牵着鼻子走，做出错误的决定。因此，一个情绪化的人，一个不能够控制自己怒气的人，很难获得别人的认可，很难取得大的成就。

孙中山虽为一代伟人，但是他也有控制不了情绪的时候。一天，孙中山在胡汉民的办公桌上发现了一大堆文件，这些文件都是他亲手签发的手令，但却被胡汉民摆在一旁置之不理。孙中山不禁勃然大怒，拍着桌子大声喊胡汉民。

胡汉民不知缘由，匆匆忙忙进来，一看孙中山一脸怒气，赶忙问怎么回事。孙中山不由分说，把胡汉民的公文箱翻了一个遍，从里边找出一堆搁置文件，然后怒气冲冲地大声对胡汉民说：“你看看你自己做的好事，还敢问我什么事！”

胡汉民一动不动地听完孙中山的训斥，然后问他："先生还有话要说吗？"

孙中山气愤地说："没有了！"

胡汉民冷静地走到桌子旁，将桌上的文件一件一件拿起递给孙中山，说道："这份手令事关调兵遣将，发下去不合时宜；这份手令关于拨款多少问题，还需再度考虑；这份手令关于升职罢免，处置不合理，不能立即发放。"接着他掷地有声地说："即使在封建社会，大臣认为不合时宜的事情，也有请求皇上收回成命的事情。如今我虽然不是宰相的身份，却也做着宰相应该做的事情。请问先生，今日之事是不是我在行使我的职权，尽我应尽的责任呢？"

孙中山听后无话可说。

人在发怒的时候，大多失去理智。当正常思维被情绪操纵，人会把事情处理得一团混乱。一个人动不动就发怒，话语咄咄逼人，行为也会失控。当上班时间就快到了，而公交车却迟迟不来，人等待得心急如焚；当人上了公交车却碰上严重的堵车，无论继续等待还是下车都无济于事，只能烦躁不安地坐在那儿；还有上班的时候，计算机突然发生故障，刚刚做完的文件全部丢失；同事、朋友之间因为一点小事争执不下，继而产生较大矛盾。这些都会使人生气愤怒，暴跳如雷，导致自控力下降或者失效。

在美国阿拉斯加州，有一个年轻人的妻子因难产而去世了。他忙于生活，没有多少时间来照顾孩子，就训练了一只狗。这只狗聪明听话，懂得照顾小孩，会咬着奶瓶给孩子喂奶，还会耐心地看护着小孩爬来爬去，但不让他爬出门口。

为了谋生，主人会经常出门。这一天，主人像往常一样出门了，留下狗和孩子在家里。因为突降大雪，他在别的地方无法及时赶回家，第二天才回来。听到主人的声音，狗就跑出来迎接他，他看见狗的嘴里有血，心中不由一惊。冲进家门一看，到处都是血，床上也是血，孩子不见了，而这只狗摇头摆尾地向他撒娇。

他以为是这只狗狂性大发，把孩子吃掉了，大怒之下，抓起墙边的斧头砍在狗的脑袋上，当场把狗杀死了。这时候，他忽然听到孩子咿咿呀呀的声音，接着看到孩子从床底下爬了出来。他抱起孩子，发现孩子虽然身上有血，但是并没有受伤。他不明白是怎么回事，再仔细看看被杀死的狗，狗的一条腿上缺了块肉。然后，他在房后发现了一条被咬死的狼。原来，在他不在家的时候，一头狼跑进来想吃掉小孩，是狗和狼殊死搏斗救了小主人。这时，恍然大悟的主人感到后悔莫及，面对无辜惨死的狗痛悔不已。

其实，如果他能多忍一分钟，不被怒火蒙蔽住眼睛，那就不会发生这样的悲剧了。

现实中，那些从不克制自己的怒气的人，就像走到哪里烧到哪里的火。也许他自己还会觉得：我的脾气来得快去得也快，发完火就忘了。然而，被他的怒火所殃及的人会怎么想呢？这种给家人、朋友、工作伙伴带来不快的人，却还不知道为什么别人不喜欢和他交往。事实上，要想让自己和他人的相处更加和谐，就要学会制怒；而要做到这点，就要学会遇事多忍一会儿。

我们要想做对事，要想取得一个又一个的胜利，就要培养自己的心理素质，学会控制自己的愤怒，沉稳冷静地做事，一步步走向成功。

意大利商人安东尼·迪比奥在谈及自己成功的经验时说：“我并不是什么天才，在这世界上比我聪明、有才华的人比比皆是，之所以我能够超过他们取得成功，只是因为我比他们更善于控制自己的情绪而已。”其实，控制情绪并不能说是一项技巧，这是一种心态，是心理强度的外在体现。

仔细观察你的周围，哪一个成就非凡的人不是沉稳冷静？所以，我们无论身处何种境地，都要保持一种稳重的心理状态，不让愤怒牵着走。只有这样，才能够总是做出正确的选择，才能够让别人看到你的成熟心态和应变能力，才能赢得更多的支持。

科学家经过研究证明，人的愤怒情绪跟大脑的神经系统有关。当人处于 10 岁左右的青少年时期，大脑前额叶皮层处于发育阶段，大量神经连接处于改造之中。而大脑前额叶层对情感、道德等情绪有影响，这就导致发育期的青少年在情感判断上有失常的表现。等过了这一阶段，人的情感判断就能恢复正常。这说明，人在青少年时期出现不可控情绪是正常现象，而成年人则不是。就像一个信徒跟禅师说自己一碰到事情，天生的暴脾气就出来了，禅师回答他说如果愤怒是偶然情况下才会出现，就是你和别人争执时自己创造出来的，现在把它称为天生，就是将过错推给了自己的父母，这实在不公平。

既然愤怒情绪并非天生，那就证明通过后天努力人能改善自己的情绪，从而做到有效自控。既然如此，我们就应该提高精神境界，陶冶性情，增强自我控制意识，随时为制伏愤怒做准备。

当愤怒来临时，请转移注意力

美国医学专家米勒曾进行过这样一个有趣的测试：他向 150 名有过心脏梗死病史的人和 150 名健康人提出同样的问题："服务生不小心将咖啡溅到你身上，公交车上有人无意踩到你的脚，你喜欢的上衣被人撕破了，出现这些情况，你该怎么办？"

有过心脏梗死病史的人的回答，大多数不是愤怒就是沮丧，健康人则没有放在心上，而是一笑了之。米勒由此得出这样的结论：愤怒和紧张容易引起血管内壁收缩和破裂，而且还会导致心肌梗死或者局部缺血的现象。

这不是危言耸听的话，依据医学上的相关理论，容易愤怒的人就算考虑到抽烟、血压、胆固醇、体重、饮酒、家族遗传等其他致病因素外，也要比普通人更容易出现心肌梗死或心绞痛，这类人的发病率要比普通人高三倍。表达内心的愤怒时，程度越高越容易出现脑中风，几率是平时的两倍。尽管如此，还是很多人不懂控制愤怒。

著名生理学家约翰·亨特在自己的著作中写下了愤怒对心脏造成的影响，他说："让我生气的那些无赖最终会杀死我。"有一天，他去参加一个聚会，当时有人提出反对他的观点，他听到后非常愤怒，气就不打一处来，马上与对方进行辩驳，说到激动时，他的血管急剧收缩，当场倒地，结果不治而亡。

崔珍珍是某大学的学生心理咨询室老师，当她知道愤怒会产生严重的后果后，就打电话给自己平时容易愤怒的阿姨，希望能给对方提个醒儿，可是崔珍珍的阿姨却不当一回事儿，反而说：“世界上容易愤怒的人很多，倒霉的事情不会发生在我身上”。很快，不幸的事情发生了。那天，崔珍珍的阿姨在餐厅里用餐，因小事与用餐的年轻人发生口角，因为吵架时太过于生气，当场就出现脑中风现象，虽然第一时间送进医院，还是未能挽回她的生命。

生命不会出现侥幸。我们要谨记约翰·亨特和崔珍珍的阿姨的不幸结局。在现实生活中，当我们想发火愤怒时，一定要控制好自己的情绪。

蒂娜的叔叔没有孩子，她从叔叔那里继承了一大笔遗产，闺蜜黄芝知道后，便向她借钱，并许诺高额的利息。蒂娜觉得黄芝这个人值得信任，就把钱借给了她。让蒂娜始料不及的是，第二天黄芝就消失了。

最初的一段时间内，蒂娜陷入了痛苦和愤怒中，她吃不香，睡不着，不到半个月的时间，整个人瘦了一圈。如果此时的蒂娜，能够想得开，不再为此事生气，就不会出现可怕的症状。令人心痛的是，蒂娜非但没能解开心里的结，反而身体每况愈下，出现头痛、消化不良、四肢无力、失眠、忧郁、呼吸困难等症状。

直到有一天她彻底意识到，这样死去太不值得。有了这个想法后，她开始转移自己的生活重心，不再为此事而生气。蒂娜的转变，马上起到立竿见影的效果，她心情也随之发生变化，身体也渐渐有所好转，没过多久就恢复了健康。

像蒂娜这样能够调节情绪、转换注意力，控制愤怒的例子并不少见。因此，在出席美国心脏学年会的美国医学专家米勒就曾呼吁同事们：给患者们多开一份“不生气”的心灵处方。

有位老太太是带小孩子的高手，她把一个脾气很倔的小女孩治得服服帖帖。

有一次，小女孩的爸爸向这位育儿高手请教她的秘诀，老太太告诉了他一个有意思的小故事。

古时候的人们，都利用脚力极佳的骡子来驮运笨重的货物。骡子的体力虽然好得不得了，但也有着一项要命的缺点——就是传说中的骡子脾气。

一头骡子若是使了性子，它的四只脚便会像钉上了钉子一样，固定在地面上，一动也不动。无论主人怎样鞭打，骡子还是坚持它固执的脾气，一步也不肯向前走。

当骡子闹脾气时，有经验的主人不会拿鞭子打它，那样只会让情况更加严重。主人会运用智慧，很快地从地上抓起一把泥土，塞进骡子的嘴巴里。

这位父亲好奇地问："骡子吃了泥土，就会乖乖地继续往前走了？"

老太太摇头道："不是这样的，骡子会很快把满嘴的泥沙吐干净。然后，在主人的驱赶下，才会往前走……"

这位父亲又诧异地问道："怎么会这样？"老太太微笑道："道理很简单，骡子忙着处理口中的泥土，便会忘了自己刚刚生气的原因，这种塞泥土的做法，只不过是转移它的注意力罢了！这个方法用在骡子身上有效，同样也适用于你那个脾气一般的小女儿。"

转移注意力，是人的一种本能。在任何时间段内，我们都可以把大脑的注意力转移到其他地方。所以，如果出现愤怒的情况，我们可以通过转移注意力的方式，控制自己的情绪。转移注意力，可以从以下几点做起：

1. 离开让你产生愤怒的环境

对大多数人而言，愤怒均是发生在特定的环境中。如果在某个时间段、某个地点出现某件让你愤怒的事情，如果此时你继续原地不动，还在那个特定的环境里，你就会继续生气；如果你离开那个特定的环境，内心则会出现一种相反的情况，你心中的怒气就会随之平复或消失。所以，离开产生愤怒的环境，是让自己不生气的最佳途径之一。

2. 停止思维反刍

当某件不愉快的事情发生以后，还会让你愤怒不已，这种行为叫“思维反刍”，这时的思维反刍会产生严重的负面影响，也就是说你越想那件事，你心里就越愤怒。要想有效地控制自己的愤怒情绪，你必须采用“思维叫停”的方法加以控制。这个时候，你要大声对自己说“停”，不再去想已经发生过的不愉快的事情，把注意力转移到其他地方。

3. 利用意象想像化解愤怒

意象想像其实就是大脑中创造出一种情景，我们可以利用这种内在的意象情景来控制愤怒。所以，当我们愤怒的时候，深吸一口气，然后闭上眼睛，想像以前曾经发生的愉快的事情，这样的话就可以有效地调节自己的情绪，把情绪恢复到不生气的状态。

活在不抱怨的生活里

一个人陷入焦虑的泥沼之中后，其身心将会发生变化：心情烦躁，爱抱怨、爱生气。只要我们稍加留意，抱怨几乎天天发生在我们周围，有人抱怨生活的不如意，有人抱怨工作的繁忙，有人抱怨孩子不听话，有人抱怨物价上涨等。

抱怨，是人们生活中的一部分，而且在不断地影响着我们的生活。美国著名演说家卡耐基说："在地狱中，魔鬼为了破坏爱情而发明的总能成功的恶毒办法中，抱怨是最厉害的了。它永远不会失败，就像眼镜蛇咬人一样，总是具有破坏性，总是置人于死命。"

当我们觉得抱怨是一件理所当然的事情的时候，千万不要别忘了一个重要的理论——"吸引力法则"：当你说出负面和不快乐的事情时，你就会接收到负面和不高兴的事情。

比如，当你常常抱怨世上没有一个好男人时，你的心中就已经种下了"不相信有好男人"的因，这样即使你遇到了一个好男人，你也会在心中对他产生怀疑，也就可能将其错过，从而失去一段美好的姻缘。

社会上，总有一些人喜欢抱怨，抱怨上司、抱怨同事、抱怨朋友、抱怨家人，似乎只要和他有接触的人或事他都会抱怨个不停，因为这些抱怨，他们每天都在灰暗的心情下度过，殊不知这些抱怨不仅会伤害他人，也会使自身受到伤害。而有了这样的情绪，不免要一直在抱怨的阴云下生活，心灵永远不会得到平静。

廖莎是一位中学的女教师，工作上很努力，有不错的业绩，深受领导器重，家庭也比较美满，可以说事事如意。但是，她却一直郁郁寡欢，是什么原因呢？原来，她对自己的面孔很不满意，看哪都感到不顺眼，为此她决定去做整容手术，换一张面孔。

整容医师仔细端详着她，觉得她长得并不难看，最大的原因就是她把自己评价得太低。于是，整容医师只是做了一些小手术，稍微改善了她的五官。

廖莎心里非常不高兴，她一边看着镜中的自己，一边抱怨道道：“看来你并没有对我的面孔作太大的改变。”整容医师说：“事实上，你的面孔只需稍作改变就可以了，问题的关键在于你错误地看待了自己的面孔，你把它当成一个面具，用来遮盖你的真实感觉。”

廖莎低下头伤心地说：“其实，我已经很尽力了！”

整容医师理解地望着她，廖莎沉默了一会，终于透露了自己的心声：每天她在学校里，都似戴着面具，以亮出最好的一面，想留下自己认为“正确”的那部分。但现实中，学生们却总是嘲笑她。

整容医师说：“学生们为什么要嘲笑你，那是因为他们看出了你的虚假。作为一名老师，你不一定非要自己表现得十分完美，偶尔也可以表现得愚笨一点，孩子们依然会尊重你。人无完人，每个人都有自己的缺点，摘掉你的面具，显现出你的真实，你才会喜欢自己。”

离开诊所的时候，廖莎的心情好多了。从此以后，她再也没有担心自己的面孔，以真实的自己工作和生活，生活反而更幸福了，自然，抱怨也没有了。

对我们来说，天空本该是明媚的，但是抱怨的阴云却让很多人看不到明朗的蓝天。对那些喜欢抱怨的人，人们总是退避三舍。抱怨像一个气球被烟头烫破一个洞，使自己与别人同时泄气。抱怨不仅让我们失去了朋友和生活的勇气，更给我们的心灵蒙上了一层阴影。

艾森豪威尔是美国口碑最好的总统之一，他年轻的时候，曾有这样一次经历。一天，艾森豪威尔在晚饭后跟家人一起玩纸牌游戏。那天艾森豪威尔的手气非常糟糕，连续抓几次很差的牌之后，他就开始变得不高兴了，开始不停抱怨和生气。

这时候，艾森豪威尔的妈妈停了下来，严肃地对艾森豪威尔说："如果你要玩，你就必须用你手中的牌继续玩下去，不管那些牌是差的还是好的。"

艾森豪威尔听了之后陷入了沉思，这时，妈妈又说："其实人生也是如此，发给你牌的是上帝，不管上帝发给你怎样的牌，你都必须拿着，你唯一能够做的就是尽你的全力去求得最好的结果。"

艾森豪威尔听了这一席话后如醍醐灌顶，从此以后，艾森豪威尔一直把母亲的这番话当作是自己的座右铭。他总是能够以积极乐观的态度去迎接命运中的每一次挑战，全力以赴地去做好生活中的每一件事情。

人生就像是牌局，你手中不可能总是好牌。但是，无论手握什么样的牌，都要全力求胜，尽可能玩好，抱怨是没有任何用处的。牌好不好是你的运气，一手烂牌的情况下，能够兴致勃勃地玩，玩到最好，则是你能力的体现。我们平时做事也一样，成事在天，但是你必须充满激情地谋划好，无论做什么，满怀热情，全力以赴，你才能做到最好。

总之，一个人的心态决定了人的一生，在面对困境时，不要急着去抱怨，更不要去生气，而要想如何去改变，即使我们改变不了外界的大环境，我们还能改变内在的小环境。如同这个世界上没有百分之百的纯金一样，世上也没有绝对完美的生活，也没有让每一个人都能够满意的生活。尽管我们不得不面对现实中的诸多不如意，只要我们怀着积极乐观的心态，就能远离抱怨和因抱怨引起的生气，就能幸福地工作和生活。

理智面对突如其来的羞辱

当一个人遭遇羞辱时，自尊心会受到极为严重的伤害，继而就会出现发怒的现象。一个人在发怒的情况下，有可能做出一些出格的事情。特别是那些羞辱你的人比你强大时，你的怒气会产生可怕的后果，春秋时期的公子宋就是一个特别突出的例子。

春秋时期，郑穆公去世以后，由公子夷即位，是为郑灵公。郑灵公在位期间，辅政分别为公子宋和公子归生。有一天，有人从汉江捕捉到一个大鼋，献给郑灵公。郑灵公非常高兴，就命人将大鼋宰杀，炖成肉汤招待文武官员。这时，公子宋笑着对郑灵公说："每次我的食指只要一跳动，总会吃到美味佳肴。今天我的食指就跳动了好几下，我猜想一定又会有好的美食。你认为我的食指跳动灵验吗？"

郑灵公听后，半开玩笑半认真地说："今天，你食指跳动是否灵验，不是由你决定而是由我决定。我让他灵验，它就灵验；我让它不灵验，它就不灵验。"于是，郑灵公私下吩咐做大鼋的人，按照他的想法进行办事。手下人心领神会，退下去继续做鼋肉汤。到了该品尝鼋肉汤的时候，郑灵公吩咐参加宴会的大臣们，按照官职的大小依次坐定。

在众位臣子中，公子宋位居第一，他显得洋洋得意，一门心思地等着品尝。然而，让他没有料到的是，郑灵公却做出这样的决定：今天赏赐由小到大进行。也就是说，官职最小的可以最先得到鼋肉汤，官职最大的只能等到最后才能分享。很显然，郑灵公的这一做法，是冲着公子宋而来，这让公子宋很不高兴，却一时又找不到反对的理由，心里只好窝着火，坐在那里耐心等待。

派发鼋肉汤的人，按照郑灵公的吩咐依次进行，大臣们品尝到鼋肉汤后，纷纷赞不绝口。好不容易论到了公子宋，下人却说鼋肉汤没有了。

公子宋在群臣面前遭遇戏弄与冷落，内心里怒火中烧。一直在一旁目睹公子宋窘态的郑灵公十分开心，他一边哈哈大笑，一边指着处于尴尬之中的公子宋，说："我本来希望群臣们都能品尝到这少有的美味佳肴，没想到唯独你没有。看来，这是命中注定你吃不到鼋肉汤啊，你看你的食指跳动要吃好东西的说法，怎么不灵验了呢？"

公子宋听到这话，才恍然大悟，原来是郑灵公在暗中搞鬼。为了挽回自己在群臣面前的面子，他恼羞成怒，顾不上君臣之礼，站起身子径直走到郑灵公面前，伸手从郑灵公的碗中捞起一块鼋肉，塞入口中，还不忘反唇相讥道："诸位大臣，你们都看到了，我已经吃到了鼋肉，我的食指跳动依然灵验。"说完，不给郑灵公打招呼，便气呼呼地离开了大殿。

公子宋的行为激怒了郑灵公，他当着群臣的面，愤愤不已道："这个公子宋太猖狂，根本没把君主放在眼里，难道我郑国就没有砍掉他脑袋的刀斧吗？"群臣闻听此言，吓得丢下手中的鼋肉汤，纷纷跪倒在地，规劝郑灵公不要生气。

这是一场不欢而散的宴会。从那以后，郑灵公与公子宋结下仇恨。郑灵公毕竟是一国之君，公子宋害怕他找借口除掉自己，心一横，决定先发制人，派人刺杀了郑灵公。两年后，郑灵公的弟弟追查公子宋染指君鼎之罪，把公子宋杀掉。

君臣二人因一件小事而反目成仇，最后双方都死于非命，实在令人惋惜。所以，面对突如其来的羞辱时，沉着应对是上上之策。然而，在现实生活中，很多人在面对羞辱时，却不能很好地控制自己的情绪，结果埋下仇恨，发生原本可以避免的灾祸。

当你遭受侮辱的时候，不妨先想想发怒会给自己带来什么。如果你知道发怒必定会有损于你自己的利益，那么最好约束你自己，冷静下来，无论这种自制多么难。

2008年12月15日，是美国总统布什卸任前最后一次到访伊拉克。在一次记者会上，一名伊拉克记者连续两次向布什投掷鞋子。幸运的是，布什连续两次躲过了飞来的鞋子。更让人意外的是，布什非但没有生气，反而面带微笑，表现得十分从容，不但安抚在场的人员安静下来，还以幽默的方式，为自己解围，当时他说："这就像有人在政治集会上叫嚣一样，想引人注意呀！我没受影响。他掷中我又如何？真相是，那是一只10号鞋，多谢关心。"如果面对羞辱，布什出言反击，那么他的形象就会受损。布什的临场反应和对答赢得了人们的尊重。

生活中，我们不要因为一句羞辱的话而失去理智，应该以冷静的方式，想出对策。当羞辱的话语出现我们的听觉中时，不要浪费太多的时间想"他为什么要羞辱我"等诸如此类的问题。

如果有人故意羞辱你，你可能做了些事情使对方感到是一种威胁。另外，有些人喜欢说一些激怒他人的话语，但并非是针对你。这个时候，如果你听着觉得很刺耳，指出他的过失，通常情况下，对方会向你表达歉意。因此，你没有必要发火或生气，而是用一种相对委婉的口气，表达你内心的不满，希望对方以后说话时有所注意。

所以说，无论对方是有意羞辱你还是出于无意，你都要控制好自己的情绪，使自己达到不生气的状态。如果你勃然大怒，不但没有让你心理上得到安慰，反而让羞辱你的人占上风，而且会引起其他人的注意，从而达到羞辱你的人的目的。

悲观情绪无异于“慢性自杀”

当悲观情绪在一个人身上蔓延和发展时，足以把一个人消磨得身心交瘁。处在这种状况下的人，说得严重些，那就是绝望透顶了，对万事不感兴趣，万念俱灰，愁容满面、没气给自己找气生。若陷入在这种状况下的人一蹶不振的话，那生活就如一潭死水，毫无生机。

三国时期，汉献帝刘协被曹操“挟天子以令诸侯”迎奉到许昌之后，整个人就开始逐渐地被悲观情绪所笼罩。

公元196年，汉献帝刘协成为曹操号令诸侯的傀儡，曹操病死之后，刘协被迫让位于曹丕，最终病死。

曹操专权前，汉朝虽然气数渐衰，但仍然有王允、袁绍、黄琬、仆射士孙瑞等大批忠君爱汉之人，如果刘协能够振作起来，也不至于被曹操软禁。然而由于刘协是个非常悲观的人，他始终认为，汉朝气数已尽，自己只不过是一个傀儡而已，再怎么努力也无力回天了。这个心理使得刘协先后被董卓和曹操囚禁。

虽然他也曾不满曹操大权独揽，不甘心作为傀儡，暗下衣带诏，令董贵人的父亲车骑将军董承设法诛杀曹操。但仅仅一次失败就让刘协感到心灰意冷，再度陷入悲观的情绪中。

其实，刘协想要杀曹操并不是那么困难。毕竟那个时候有很多将领都是大汉的忠臣。在曹操出去征战时，他还是有机会的。但刘协却没有再对曹操下手，因为他觉得，杀死了曹操，又会站出另外一个人来将他软禁起来，他已经放弃了自己的人生，所以他也就这样安于天命了。

比起刘协，他的“皇叔”刘备不过是个卖鞋的，却能通过自己的奋斗在乱世中博得一席之地，并最终三分天下有其一。而刘协尽管是傀儡，但毕竟生于王室。如果他能够摆脱这种悲观的情绪，努力地重新燃起希望之火，他还是有机会重新夺回大汉王朝的控制权。历史上，康熙在刚上任时也遭遇了类似这样的问题，但康熙并没有向命运妥协，并没有产生悲观的心理，所以他最后能够杀鳌拜、平三藩，成为一代明君。但刘协却因为自己的悲观懦弱，将自己祖先辛苦打下的江山拱手让给了曹氏子孙，自己最后也忧郁地病死了。

其实现实生活中像刘协这样悲观的人还有很多，他们不甘心现状，不满足于现状，却终日只会长吁短叹，抱怨命运的不公。同样的事情，有人会乐观地去对待，而有的人却总是非常悲观。比如，那些患有重大疾病的人，凡是没有悲观、顽强与疾病做斗争的人，最后都延长了自己的生命；而那些悲观者们，整天落泪抱怨，最后都提前离开了人世。

所以说，悲观的心态会让一个人失去动力，悲观会带给人们非常大的消极情绪，受这种消极情绪的左右，人们在做起事来也会显得有气无力，很难达到应有的效果。

悲观并不是人类天生就有的心态，而是后天经历过打击和挫折之后逐渐产生的一种心理倾向。同其他心态一样，悲观也可以通过克制和改变，转变成为一种积极的态度——乐观。与同悲观正好相反，乐观会给失去动力的人新补充能量，最大限度地提升一个人的战斗力。

年轻的杰克，正逢服兵役的年龄，抽签的结果，正好抽中下下签，最艰苦的兵种——海军陆战队。杰克为此整日忧心忡忡，几乎到了茶不思、饭不想的地步，深具智慧的祖父奥克托，见到自己的孙子这副模样，便寻思着要好好地教导他。

老奥克托说：“孩子啊，没什么好担心的。当了海军陆战队队员，到部队中，还有两个机会，一个是内勤职务，另一个是外勤职务。如果你分配到内勤单位，也就没有什么好担心的了！”杰克问道：“若是被分配到外勤单位呢？”

老奥克托：“那还有两个机会，一个是留在本土，另一个分配到海外，如果你分配在本土，也不用担心呀！”

杰克又问道：“若是分配到海外呢？”

老奥克托说：“同样有两个机会，一个是后方，另一个分配到最前线。如果你留在后方，也是很轻松的！”

杰克再问道：“那，若是分配到最前线呢？”

老奥克托说：“那还是有两个机会，一个是当卫兵站岗，平安退伍；另一个是会遇上意外事故。如果你能平安退伍，又有什么好怕的！”

杰克问道：“若是遇上意外事故呢？”

老奥克托：“那还是有两个机会，一个是受轻伤，送回本土治疗；另一个是受了重伤，可能治不好。如果你受了轻伤，送回本土，也不用担心呀！”

杰克最恐怖的东西来了，他颤声问道："那……若是遇上后者呢？"

老奥克托大笑说："若是遇上那种情况，你都死了，还有什么好担心的？倒是我要担心白发人送黑发人的痛苦场面，那可不是好玩的！"

从乐观的老奥克托身上，我们可以看出，当一个人学会控制自己的情绪时，悲观就会远离你。记得尼采曾说过：失败的人是没有悲观的权利的。最初觉得这句话太没人情味，后来细一想也是，失败的人更应该想办法怎样走出困境，获得成功，是不能再容许悲观的。

那么，究竟怎样才能消除悲观情绪，让自己经常保持乐观呢？心理专家给出如下建议。

1. 要经常为自己加油鼓劲

对于一个悲观主义者来说，心情从早到晚都会处于一种压抑、消极的状态之中。要想改变这一状况，最好的办法就是在早上起床后，给自己一个积极的心理暗示，告诉自己："快乐也是一天，悲伤也是一天，所以，自己今天一定要快乐。"多为自己加油鼓劲，让自己能够以一种积极的心态去开展一天的工作。

2. 多想一些开心的事

悲观的人，总是会去想一些不如意的事情，总能从每一件事上找出消极的一面，所以他们对每一件事都感到不满意，把什么事情都想得过于悲观，到头来，他们只能在悲观情绪中越陷越深。如果每当流露出悲观的情绪时，他们都能够多想一些让自己开心的事情，把自己的注意力转移到积极的因素上来，这样就能逐渐消除自己的悲观情绪。

3. 将心中的不快说出来

有时候，一件事情站在我们的角度看上去是一件坏事，可在别人看起来没准就是好事。所以，当因为一件事而不开心的时候，我们不妨找一个朋友或同事来诉说自己的不快，让对方帮我们分析一下事情是不是真的有那么糟，并耐心地说出判定的理由。倾诉的时候，我们的心情也会变得轻松，而且，我们听了他们的理由，试着从他们的角度来重新审视这件事，说不定就会觉得事情真的不像自己想像的那么糟。

“受苦的人，没有悲观的权利；失火时，没有怕黑的权利；战场上，只有不怕死的战士才能取得胜利；也只有受苦而不悲观的人，才能克服困难，脱离困境。”人的心理活动，可以说没有一刻的平静，忽而兴奋、欢乐，忽而沮丧、消极。只有能掌控自己情绪的人，才能远离悲观，才能不生气，才能让自己的人生迎来一片春色。

第三章

拥有好心态，生气的动机就自然走开

俗话说："人生不如意之事十有八九。"既然如此，但至少还有一二成是如意的、快乐的、欣慰的事，如果我们要过快乐的人生，就要常想那一二成快乐的事，这样就会感到庆幸，懂得珍惜，不至于为八九成不如意的事所生气。

积极的心态，是你的个人魅力所在

著名心理学家威廉·詹姆斯说：“播下一种心态，收获一种思想；播下一种思想，收获一种行为；播下一种行为，收获一种习惯；播下一种习惯，收获一种性格；播下一种性格，收获一种命运。”这段话浓缩成一句话就是：心态决定命运。

可见，命运掌握在自己手里。一个人要想做到不生气，必须拥有积极的心态。

有一个名叫胡达克鲁丝的老太太，她和邻居迈克夫人是好朋友，也是同龄人。在她们共同庆祝七十大寿时，迈克夫人认为自己已年届七十，已经到了去见上帝的年龄了。于是她决定待在家里足不出户颐养天年，她为自己做寿衣、选墓地，安排好了一切后事，做好了随时准备离开的勇气。而胡达克鲁丝则认为一个人能做成什么事与年龄无关，而在于自己的想法。于是她走出家门，开始学习爬山，开始攀爬各种高山，其中有几座还是世界上有名的高山。在她 95 岁高龄时登上了日本的富士山，打破了攀登此山年龄最高的纪录。

同样是 70 岁高龄的两位老人，迈克夫人的心理反应趋向消极，于是选择了足不出户、安排后事的行动，结果没过几年她真的去见上帝了。而胡达克鲁丝的心理反应则是积极向上的，她采取了学习爬山的行动，结果在 95 岁高龄时创造了一项吉尼斯世界纪录。

一个人无论都多么大的能力，都不能缺乏良好的心态，否则什么事也做不成。良好心态可以给你巨大的能量，有了它，你就能把握自己的命运，实现人生的理想。一个内心强大的人，不仅外表看起来非常美丽，还懂得如何培养自己良好的心态，主宰自己的人生。既然人的心态与命运相连，就不要让你的思想里存在消极的念头，无论任何候都应该保持积极向上的心态。

对我们而言，当你真正认识到积极心态对自己的重要性的那一天，你就遇见了最好的自己！你的这种积极的思想、积极精神、积极的心理就是你的法宝。

早年曾经营一家生产手表壳的小厂的日本兵法经营学者大桥武夫，在激烈的竞争环境中，他总是非常乐观地认为，他的企业一定能在激烈的市场竞争环境中发展壮大起来，决不会被大企业打败。大桥武夫十分推崇的一句名言是："战胜，始于将帅相信必胜；战败，生于将帅自认失败"。他认为一个企业的领导者如果没有勇敢的攻击精神和必胜的信念，他绝不能作为一个合格的经营者，大桥武夫就是依靠了必胜的信念和攻击精神在渡过了几次大的波折之后转危为安，最终获得今天的成绩。

具有积极心态的人，总是心怀较高的目标人，为了这个目标不断奋斗着，实现一个目标后，继续勇攀高峰，最终达到自己一心想实现的目标。积极的心态是一种正确的心态，正确的心态总是"正面"的，例如：忠诚、仁爱、正直、希望、乐观、勇敢、创造、慷慨、容忍、机智、亲切和高度的通情达理等等。积极的心态与消极的心态相反，如果说积极的心态是人类制胜的法宝，那么消极的心态就是致命的弱点。如果你不能将消极的心态从你的内心深处清除干净，你就看不到希望所在，也就会失去希望给你带来的动力，悲伤、寂寞、烦躁、颓废、痛苦等消极情绪将填满你的世界，最终将你毁灭。

毁灭的后果是每个人都不想看到的，虽然我们有很多缺点，但我们不是弱者，不会轻言放弃，就不会轻易低下自己的头。积极心态会帮助你在走向成功的道路上很快地摆脱消极心理的阴影，成为一个快乐的强者！

有时候一个人没有获得成功，就责怪这个世界不公平，就找借口生气，就责怪别人不愿意帮助你，就抱怨自己没有遇到合适的机遇，这些都是可笑的借口。你有没有像其他的成功者那样以自己满腔的热情和足够的勇气去谋求不平凡的愿望？你有没有把一颗心都放在你所想要的东西上？

一个人能飞多高，很大程度上受到心态的制约。有人说心态决定成败有一点夸张，其实，这话说得很到位，一点也不夸张，心态在很大程度上决定了我们人生的成败，所以我们要注重培养自己积极的心态。拥有了积极的心态，就会远离生气，会对自己的事业起到很大的帮助。培养积极的心态可从以下几个方面做起：

1. 无论你做什么事情，言行举止都要向你希望成为的人靠近

是行动引导心态，还是心态支配行动？有一些人总是等到自己有了积极的心态再去付诸行动，其实这是一种本末倒置的做法。只有你积极行动起来，才能收获积极的心态。所以，从现在开始行动起来，做你想成为成功者应该做的事，说你想成为成功者想说的话，你的行动积极起来心态自然也跟着积极起来。

2. 要心怀必胜的信念

当你把自己看成是一个成功者时，你已经踏上成功的道路了，而且你与成功的距离并不是那么遥远。想要收获一个成功的人生，就要时刻怀有必胜的信念，决不能在播下种子之后，不加管理，就指望不劳而获。一块田地需要我们不停地去侍弄它，不断给它浇水，不断给它施肥，可能因为一时的疏忽，消极的心态就会在土地上生根发芽，夺去土壤的养分，最终导致庄稼的死亡。

3. 用美好的感觉去影响别人

当你让自己时刻行走在积极的行动中，慢慢地你就会感觉你的人生是美满的，因此你会越来越乐观，信心也会与日俱增，人生中的目标感也越来越强烈。这样，别人很容易被你吸引，你就很容易得到别人的认可，因为人们总愿意和积极乐观的人在一块。

4. 帮助别人就是帮助自己

每个人都希望自己被别人需要，因为这样会感觉到自己的重要性，在得到别人的赞美和认可的同时，也是对自己价值的肯定。正如美国 19 世纪哲学家兼诗人拉尔夫·沃尔多·爱默生说的话："人生最美丽的补偿之一，就是人们真诚地帮助别人之后，同时也帮助了自己。"

面对弱点不生气，你便多了一个优点

有时，当我们衷心向对方指出不足或弱点时，对方会非常生气，甚至是大发雷霆，并找出种种借口和理由极力掩盖自己的弱点。这样的人，只能说明他的内心非常脆弱，不敢面对自己的弱点，也不会有大的作为。一个真正虚心接纳他人意见的人，一定具有宽广的胸襟，面对自己的弱点不生气不护短，这样的人在人生的旅途上才有所作为，因为他把弱点变成了优点。

有时候弱点并没有想像的那么可怕，那么无法改变，它尽管很顽固，但并不是不能战胜。弱点大多数是因为自己对弱点的恐惧，很多时候是自己在吓唬自己，很多人都会假设这样一些“我办砸了怎么办？”“做事不成功太没面子了吧”“看样子这桩事情我不能做了”等内在的恐惧，很大程度上妨碍了人的潜力发挥。因此，为了职场的长远发展，千万不要成为众人的“欣羡对象”。这时候，适度表现出自己的弱点，可能会为你带来意想不到的结果。

亨丽塔的经历就可以给我们很多启发。现在，亨丽塔是美国纽约市人事局最有人缘的员工，然而，过去的情形并非如此。在她刚到人事局的前几个月中，亨丽塔在她的同事之中竟然一个朋友都没有。这是为什么呢？因为她每一件事都做得极其完美，每天她都在同事面前说她的工作成绩。在同事们看来，她真的“无可挑剔”，没有任何缺点，同事们自然也就“敬而远之”了。

那段时间，亨丽塔常对她的朋友抱怨道：“我工作做得很好，但是我的同事不但不分享我的成就，而且还极不高兴。我渴望这些人能够喜欢我，我真的很希望和他们成为朋友，可怎么会落得这个下场？”后来，在听了朋友们的建议下，亨丽塔开始有意无意地暴露自己的弱点，凡事也不再做得过分尽善尽美。而且，当她和同事们有时间在一起闲聊的时候，亨丽塔也不再说自己的得意之处，而是分享其他同事的成绩，只在他们问她的时候才说一下自己的成就。慢慢地，亨丽塔开始为身边的同事所接受，成为美国纽约市人事局最有人缘的员工。

所以，请不要处处表现出自己的过人之处。一个过分完美，表面上看毫无弱点的人，反而在世间无法生存。这个世界上，有太多的品节高尚的人，太过完美的人，却被人排挤得难以生存。

某家公司需要招聘新人，在招聘条件一栏中，有一项条件必须具备两年以上的工作经验。

先后来了六位应聘者，前面五位应聘者都称自己有类似的工作经验，但面对应聘者的考问，很快显示出对这一行业的无知。

最后，来了一位学生模样的年轻人，他坦率得对招聘考官说，自己不具备这方面的工作经验，但对这项工作很感兴趣，并且十分拥有信心，经过短暂的实践后，能够胜任它。负责招聘的两位主考官，碰了碰头后，毫不犹豫地录用了他。后来，这位应聘者成了该公司的财务总监。

前面五位没有被录用，主要的原因是他们不敢正视自己的弱点，想依靠隐瞒来获得别人的信任，显然是行不通的。而第六位直接告诉主考官，自己没有这方面的经验，敢于暴露自己的缺点，他说得很坦诚，赢得了主考官的信任，最后他自然就被录取了。

生活中，适当地暴露自己的弱点，那么你就多了一个优点。当我们的同事、朋友表现得比我们更为优越的时候，他们就有了一种觉得自己很重要的感觉，而当我们表现得比他更为优越的时候，他们就会变得自卑起来，甚至会产生嫉妒。在职场中，你一定要想办法暴露出自己的弱点，因为弱点可以掩盖完美，可以让你赢得别人的信任。因此你必须在总经理面前唯唯诺诺，在人力资源总监面前阿谀奉承，在防损总监面前讲人情。并不是你自己有这些毛病，这都是假装出来的。让自己适当地暴露弱点，这是一个很重要的职场技能。

那么，为何大多数人不想去正视自己的弱点呢？这是因为他们对自己缺乏信心。为了自己少得可怜的自尊，他们一般对自己的优点了如指掌并到处炫耀，而对自身的弱点却害怕承认，也不敢面对，害怕自己的弱点被别人看穿，遭受他人的嘲笑和蔑视。这样一来，这些弱点就会不断地发挥阻碍的作用，这对个人的发展产生了很坏的负面影响。

当别人向你提出改变缺陷的建议的时候不要生气，或者当你自己发现自己的缺点时，请正确对待缺陷吧，不要害怕没面子，不要贪慕虚荣，不会有人会笑话你，看不起你的人只有自己，假如你没有勇气和胆量去面对自己的缺点的话，那么你将必败无疑，输掉的不只是你的人缘，更重要的是你把自己也输掉了，一个无法真正面对自己和自己缺点的人，真的能把握自己吗？因此，我们要把缺点当成完善自我的一个起点，当成一把打开成功大门的钥匙。

人生本来就有很多不如意

俗话说："人生不如意之事十有八九。"意思是说，我们的生命里不如意的事占了绝大部分，如果你要为此而生气的话，那么你的一生将在生气中度过。虽然如此，但至少还有一二成是如意的、快乐的、欣慰的事，如果我们要过快乐的人生，就要常想那一二成快乐的事，这样就会感到庆幸，懂得珍惜，不至于为八九成不如意的事所生气。

如果去阅读大人物的传记和回忆录，就可以总结出一条规律：凡是成名的人物其实都是饱受苦难的，他们的生命轨迹，几乎就是“人生不如意十有八九”的真实证言，但他们在面对苦难时，却总能保持乐观的心态，正面思考问题，他们自我激励的方式往往就是“常想一二”。一些成功的喜悦，往往就成了超越苦难的精神法宝，成为生命中最肥沃的养分。

想起霍金，大家眼前就浮现出这位世界级物理学巨匠的面容，他那永远深邃的目光和宁静的笑容。霍金为什么会赢得世人的推崇和尊重，不仅仅因为他在物理学中取得的惊人成就，更因为他是一位倔强的斗士，一个只有三个指头还能动的人，却一直奋斗在科学的最前线。

有一次，一位年轻的女记者捷足踏上讲坛，面对这位已在轮椅上度过了30多年的科学巨匠，深表景仰之后，却又不无悲悯地问：“霍金先生，病魔把你固定在轮椅上那么多年，你不认为命运已经让你失去太多了吗？”

这个问题显然很唐突，而且相当尖锐。在场的人无不吃惊地望着他们。但霍金脸庞依然充满着恬静的笑容。他用仅能活动的那几个手指，艰难地敲动键盘，宽大的投影屏上，慢慢地出现如下几行文字：

我的手指还能活动；

我的大脑还能思维；

我有终生的追求理想；

……

现场一片沉寂之后，随即响起了一阵阵热烈的掌声！

的确，懂得珍惜拥有，那是人生的一种更高的境界，很多时候我们的不快乐都来源于我们贪婪的野心，盲目无止境地去追求，只会让我们的身心更加的疲惫。想要得到快乐就要懂得珍惜拥有，很多时候并不是我们所拥有的太少，而只是我们不懂得珍惜。

世界上永远没有绝对的完美和幸福，一味盲目的追求，就像水中捞月一般，终将一无所得。而如果我们再不懂得自己所拥有的东西，结果只能是失去之后才感到珍贵，而这种叹息已经无济于事。君不见黄河之水天上来，奔流到海不复回；君不见高堂明镜悲白发，朝如青丝暮成雪。如果我们在拥有时不珍惜，那么我们也将会很快的失去所拥有的东西。

只可惜人生没有完美，诸如痛苦，诸如挣扎，诸如彷徨；人生总有许多完美，诸如快乐，诸如美丽，诸如幸福。总得给自己一片天空，学会飞翔；总得给自己一个角落，学会遗忘；总得给自己一方天空，学会成长。

曾看过这样一个故事：

一位生意人，有一天满脸愁容的来到智慧老人的面前。

“先生，虽然我非常富有，但周围的人都对我横眉冷对的，充满敌意。我觉得生意场真像一场充满尔虞我诈的厮杀。您能不能教我该怎么办？”

“那你就不要再厮杀呗。”老人淡淡地说。

生意人不太接受这样的告诫，于是带着失望离开了老人。一年后，他情绪变得糟糕透了，与身边每一个人争吵斗殴，冤家越结越多。他感到心力交瘁，再也无力与人一争长短了。

于是，生意人又来找智慧老人，抱怨说：“哎，先生，现在我不想跟人家斗了。我感觉身上扛着一副重重的担子似的，压得我都喘不过气来。”

“那你就卸掉担子呗。”老人淡淡地回答。

生意人感觉这样的回答说了等于没说，于是又失望地走了。在接下来的一年里，他的运气糟透了，生意遭遇了大挫折，并亏得一无所有。妻子带着孩子离他而去，他顷刻间变得一贫如洗，感到很绝望，于是他再一次来找那位智慧老人求助。“先生，我现在已经伤痕累累，一无所有，生活里只剩下了悲伤。”“那就不要悲伤呗。”生意人似乎已经预料到这样的回答，但这一次他并没有离去，而是选择待在老人居住的那个山的一个角落。

那天晚上，他突然悲从中来，伤心地大哭起来，一直哭到天亮，心里的烦恼和压抑，似乎都随着眼泪哭出来，心里一下舒坦了许多。这时，他抬起头，早晨温煦的阳光正普照着大地。感觉生活是那么的祥和。这时，智慧老人来到他身边，微笑着说：“一觉醒来又是新的一天，你看见了那每日都照常升起的太阳了吧？”生意人终于顿悟了。

生活到底是沉重的？还是轻松的？是如意的？还是不如意的？这全依赖于我们怎么去看待它。生活中会遇到各种烦恼，如果你摆脱不了它，那它就会如影随形地伴随在你左右，生活就成了一副重重的担子。一觉醒来又是新的一天，太阳每天都照常升起，每天都生机勃勃，放下沉重的和不如意的，放下烦恼和忧愁，生活原来可以如此简单。每个人都有自己的人生轨迹，或欢乐，或无奈，我们唯一能做的是：埋藏无奈的，记住欢乐的。

自我安慰和鼓励可以远离生气

就女人而言，比男人更容易被情感触动，当与忧伤、烦恼不期而遇时，很容易被情绪困扰，从而自己给自己生闷气。每个人都在生活中忙碌，我们总有被别人顾及不到的时候，所以懂得自我安慰和鼓励很重要。放下令你烦恼的一切，到视野宽阔的地方去走一圈，去领略大自然的新鲜气息，或者可以花一点时间去观察身边的每一棵树、每一朵花、每一个有生命的东西。此时，你就会从中找到安慰。懂得自我安慰和鼓励可以为自己保鲜一份心情，把忧伤化为一种力量。

一天，一位男士不幸遭遇了一场车祸，失去了一条腿。听到了他的不幸后，朋友们都来看望他，都为他失去了一条腿而难过，看到愁眉苦脸的朋友们，这位失去一条腿的男人却笑了。

“你难道还有心情笑吗？”朋友们都以为他精神不正常了。

“当然。当我醒后发现自己失去了一条腿我就安慰自己说：.没什么，你只是失去了一条腿，而不是整个生命。.所以，我现在有足够的理由笑啊！”

过了一段日子，男人离开了医院，就在他准备回到工作岗位上的时候，他接到了下岗通知书。因为少了一条腿，他已经无法再胜任原来的工作。

朋友们得知这个不幸的消息后，想好了一大堆安慰他的话，准备在看望他时说给他听，好好安慰他一番。然而，令朋友们惊讶的是：当他们来到他家，看到这个男正平静地坐在轮椅上，把下岗通知书折叠成了一个纸飞机，愉快地把它抛向天空。纸飞机随着风儿徐徐上升后落下，男人把纸飞机捡起来再扔向空中，循环往复，男人开心得像个小孩子，笑声填满了真个屋子。

朋友们感到很惊讶，就问他：“你不难过吗？你收到的可是下岗通知书！”

"下岗已经成为无法改变的事实，我与其难过，还不如想接下来我要做些什么，当我接到下岗通知书时我安慰自己：幸好你只是失去了工作，而不是失去再创业的勇气啊。所以，我没有理由难过！"

后来，男人的妻子因为接受不了失去一条腿的男人，和一个流浪艺人私奔了。

朋友们知道后都为他担心，认为男人经过这次打击，肯定会消沉的，便都赶过去看望他。可当朋友们见到男人时，他正坐在看起来有点空荡荡的家中，一边哼着小曲，一边按摩那条还未完全痊愈的伤腿。

"你是不是真的疯了？还有心情唱歌？"朋友们冲他喊道。

"为什么不唱？她只是背叛了我一个人，而不是背叛了整个国家。所以，我没理由不高兴、不歌唱！"

读到这里，有些人或许觉得这个男人有点难以理解，或许觉得这个男人有点神经质，他的行为举止看起来确实有点不可思议，但他却是一个在困难和挫折面前懂得自我安慰和鼓励的人。每当他遇到不开心的事情时，总能给安慰自己：这没什么。

当我们决定走出一条属于自己的道路时，就要时刻给自己安慰和鼓励。安慰和鼓励不仅仅是言语上的自我鼓励，重要的是知道行走在途中的心态。

当你为过去发生的事情懊悔不已，一种莫名的忧虑让你惶惶不可终日，进而失去了今天的心情的时候，安慰自己：过去的已经成为过去，你的悔恨无济于事；未来是即将要踏上的旅途，你在今天再怎么忧虑对未来也不会发生任何改变。今天的心，今天的事和今天的自己才是最重要的，今天才是实实在在的，今天才是可以抓住的，正在拥抱今天的你要做的是总结过去的经验，要预测未来的风险，要抓住今天应该抓住的东西。

有些事情只能我们自己去做，就像心痛只能自己疗。当你发现别人因为现在的心痛而失去现在的心情，从而无休止地抱怨，不仅为自己增添烦恼，也为别人带来烦恼。虽然你们也处于相同的处境，但你要安慰自己：幸亏我没有因不停地抱怨让别人觉得自己无能，也没有因为抱怨让自己的人生暗无天日，幸亏我懂得心痛只能自己疗。当然心痛时偶尔的抱怨发泄一下也是十分必要的，但不要让自己的好心境全无。

在生活中我们常常能听到有人感叹活着真累。这里所说的累是精神上的压力，是心理上的负担。其实累与不累都是相对而言的，生活要想不累，就要学会放松。累会让一个人精神不振，累会让一个人失去前进的勇气，累会让一个人降低对自己的要求……当你特别累时候，对自己最大的安慰就是解脱自己。

有些东西别人永远无法感同身受，比如：自己的伤只有自己知道有多痛，自己的哀怨只有自己知道有多无奈，自己的快乐只有自己能感受，你眼中的地狱，或许是别人眼中的天堂，你眼中的天堂，或许是别人眼中的地狱，当你看到别人的生活而心生羡慕，不自觉想去攀比时安慰自己：不要总疑春色在人家，调整好自己的心态，过好自己的日子最重要，毕竟每个人有每个人的活法。

愁眉苦脸地悔恨以前的行为其实一点好处都没有，最聪明的做法是，好好想一想如何妥善处理后面的事情，别因为懊悔让自己没有时间思考，让以后的事情更糟糕。泼出去的水永远也收不回来，刻成舟的木头永远也无法恢复原状。当你为发生过的事情懊悔时安慰自己：既然生米已经煮成熟饭，最好能心平气和地处理遗留问题，悔恨无任何益处。木已成舟顺其自然最好。

贫困常与潦倒相连，人穷常与志短相关，一个人如果心理贫困，富有也会沦为贫穷，一个人如果心理富足，贫穷也能转为富裕。一个人如果在物质贫乏的时候又万念俱灰，他的身体很快就会被摧毁。当你物质匮乏的时候安慰自己：人穷志不短，自信自强。物质贫乏仅是暂时的，好日子很快就会到来；如果你连自己都不相信自己，那么生气就会找到你，你的未来可能就会因某件事情不顺心而生气，你的一生也只能与生气为伍了。

坦然接受现实，就没理由去生气

每个人都不可能一帆风顺、事事如意。假如终日因为那些自己根本无法改变的客观环境而生气，就没有办法也没有时间去体会那些原本属于自己的快乐，更无法追寻自己的理想和兴趣了。所以，不管是在生活上还是工作中，只要尽了自己最大的努力，就应该对自己心满意足，并尽量享受其中的快乐而不是自己给自己生气。

在与人的交往过程中，我们发现有很多人经常为了一些无奈的、无法改变的事情闷闷不乐，甚至大发雷霆。他们不看好领导的管理方式、讨厌公司的刻板制度、厌恶枯燥无味的老师、更不想去面对决定未来的考试……有一些人甚至因为自己没有某一方面的能力而怀疑自己，甚至产生了自暴自弃的想法。

俗话说：“十个手指各有长短，何况人与人之间的差别。”其实，对于无奈或不可改变的事，我们完全可以换一种思路去考虑。我们生活的这个世界本来就是多姿多彩的，每个人都有不一样的特长、不一样的身世、不一样的家庭、不一样的学习和成长环境，所以我们没有必要因为自己在某些方面比别人差而对自己产生怀疑，因为自己身上一定有别人所不具备的能力或特长，只是还没发现或者没有找到适合的机会施展罢了。生存环境的磨难或者是生活的压力是一个人在成长过程中所必然要经历的，也只有经历了，才能成为真正与众不同的、拥有完整人格和独立个性的“人”。因此，它们是整个人生的有机组成部分，没有任何理由讨厌和排斥它们，也不要为此而苦恼。反之，如果懂得接受，懂得珍惜身边的一切，懂得理解和尊重客观现实，就能找到真正属于我们自己的成功之路，同时，也可以在这条道路上体验到真正的快乐与幸福。也就是说我们应该坦然地接受自己无法改变的事情，并在接受客观环境这个大前提下，努力寻找并发挥自己的兴趣和特长，以获取真正意义上的成功。

完全接受已经发生的事，这是克服不幸的第一步。

一位很有名气的心理学教师，一天给学生上课时拿出一只十分精美的咖啡杯。当学生们正在赞美这只杯子的独特造型时，教师故意装出失手的样子，咖啡杯掉在水泥地上成了碎片。这时学生中发出惋惜声，教师指着咖啡杯的碎片说：“你们一定对这只杯子感到惋惜，可是这种惋惜也无法使咖啡杯再恢复原形。今后在你们生活中发生了无法挽回的事情时，请记住这只咖啡杯。”

这是一堂很成功的素质教育课，学生们通过摔碎的咖啡杯懂得了：人在无法改变失败和不幸时，要学会接受它、适应它。

现实生活中，谁都难免遇上几次灾难或许多难以更改的事情。你怎么办？只能接受它，适应它，坦然面对它。否则，忧闷、悲伤、焦虑、失眠会接踵而来。

那么，人在接受无法改变的事情之后又该怎么办呢？

曾经有这样一则《放手》的小故事，对我们也许有所启发：

有一个樵夫到山上砍柴，不慎而跌下山崖，在即将被摔得粉碎的情况下，情急之中他拉住了半山腰上一根横出的树干，幸好这根树干比较结实，樵夫并没有掉下山崖，而是被吊在半空中，命暂时是保住了。但是新的问题又来了：悬崖光秃秃的，并没有可以抓手的地方，况且还很高，人根本就爬不上去，而下面就是崖谷，跳下去似乎也不是那么合适。

无奈的樵夫只好在那里等待救援，可谁又知道他被吊在半空了呢？正在不知如何是好的时候，恰巧有一老僧路过，他给了樵夫一个指点，说："放手！"

"放，那我不就掉下去了吗"？

既然不能上，那么唯一活命的途径已经被证实是不可能的了。如果一天这么吊着也肯定只能等死，那唯一的办法就只有往下跳了，虽然不一定活，但也不一定死，说不定还可以顺着山势来缓和一点掉下去的冲力。或者在掉下去的半途中能够有另一棵树挡你一下，那么就可以再减掉一次冲力，生还的机会还是很大。也许还可以抓到石头，也许没有，也许可能真的会死，但还有一个很大的可能，就是也许不会死。

现代社会的生活经历很多就像这个可怜的樵夫所遭受的情况一样，进退两难，争取也不行，放弃也不行。正如一根鸡肋，食之无味，弃之可惜。这时候与其夹在中间难受，还不如放弃支撑的力量，痛痛快快地撒手，将全部精力用来拼搏。毕竟事实已经证明，自己根本就爬不上悬崖了，而跌下去也许会摔死，然而，也许还有活下来的可能，就算是博个万分之一的希望，也总比在这里等死要强。

尤其是在商场，竞争越来越激烈，这种情况随时都可能会发生。那么在这个时候，我们又该怎样去应对呢？一种办法就是接受已经发生的事实，并从这个现实出发，再作另行打算，而不是在那里考虑怎么样才能改变这种现状；或者是非常生气，自己给自己较劲，一心想着怎样扭转局面，这实际上是一种很愚蠢的做法，这样既不能如你所愿，还会浪费你宝贵的时间，与其这样下去，还不如接受现实，积累力量，等待时机，以便东山再起。

保持平常心，人生才能过得洒脱

什么是"平常心"？先不要把"荣辱不惊，看堂前花开花落；去留无意，望天上云卷云舒"看成平常心，因为这种境界比较空泛，普通人很难达到。对于我们普通人来说，平常心说得直接点，就是好好吃饭，好好睡觉，好好做事，为人不要过于计较，就不会生气。

佛经上记载，有弟子问慧海禅师："和尚修道，还要用功吗？"

慧海回答："当然。"

弟子又问："那么，应该如何用功呢？"

慧海说："这很简单。当我们感到饥饿时就吃饭，感到困乏时就睡觉。"

弟子疑惑不解，接着问："天下之大，有谁不是饿了吃，困了睡？难道说他们都在用功修道吗？"

慧海说："当然不是。很多人吃饭不用心吃，有很多要求；很多人睡觉不好好睡，满脑袋胡思乱想。"

慧海的回答，确实是很多人的真实写照。吃饭睡觉的确再平常不过，但是许多人却偏偏食不知味、辗转反侧，而且越是遭遇挫折时，越是茶饭不思、彻夜难眠。为什么诸如吃饭睡觉这么简单的事情许多人却很难做到呢？究其原因，就在于人们在生存竞争的巨大压力下、在名与利的多重诱惑下，滋长了自私、贪欲、痴迷、浮躁、报复、好胜、狂妄等种种不良心态，从而打破了平常心，导致痛苦、烦恼和噩运纷至沓来。

其实，这也怪不得人们。正所谓"天下熙熙，皆为利来；天下攘攘，皆为名往"，人们之所以穷其一生追名逐利，是因为人生在世，无论贫富贵贱，穷达逆顺，都不是生活在真空里，要生存要发展，都离不开"名利"二字。如果不是"书中自有黄金屋，书中自有颜如玉，书中自有千钟粟，书中车马多簇簇"，又有几个人愿意忍受十年寒窗之苦？你能否定"吃得苦中苦，方为人上人"的积极意义吗？显然不能。

但是，物质绝对不是人生的全部。过分追名逐利，肯定会给人带来无尽无休的苦恼。"非淡泊无以明志，非宁静无以致远"，淡泊名利是一种佳境，追逐名利则是误入歧途。淡泊名利，可能平凡，但还不至于平庸；追逐名利，可能风光一时，但终究不是人生的大道，更何况名利的获得并不以我们的意志为转移。所以，面对人生路上的得失成败，我们要做到得之泰然，不惊不喜；失之淡然，不悲不怒。为身外之物累心累身，实在是本末倒置、得不偿失。

保持一颗平常心，无论你现在过着怎样的生活，也无论你处于社会的什么位置，你总能都在环境中保持优雅的姿态，努力挖掘自身存在的价值，尽情感受生活的美好。

李善玉曾是韩国的一位乒乓球运动员，在韩国屡战屡胜。有一次，她代表国家队参加世界锦标赛，临赛前的一天晚上，她承受不住心理压力，用刀将自己的手腕割破，谎称有人行刺她后逃跑了。最终，这件事被查清，成为国际上的一大丑闻，她也因此被国家队除名。

但在随后的韩国国内比赛中，她又屡屡获胜。为了给她机会，国家队又将她重新召回。在一次国际重大比赛中，她遭遇了一名之前从未输过球的德国运动员。开始，李善玉连赢两局。到了第三局，对方连续赶上几分，李善玉开始动摇，结果连输三局。外电评论：李善玉没输在技术上，而是输在只想赢不想输的心态上。

李善玉的这一路因赢得起却输不起，走得坎坷崎岖。每个人都不必乞求总是阳光明媚、暖风习习，要知道人生路上随时都会狂风大作、乱石横飞。无论是哪块石头砸到了你，你都应有迎接厄运的气度和胸怀，在打击和挫折面前做个坚强的勇者，跌倒了再重新爬起来，重新整理自己，以勇者的姿态迎接命运的挑战。

1996 年，在英国举行的欧洲杯足球锦标赛半决赛中，竞争双方分别是英格兰队和德国队。英格兰队状态非常好，又是在家门口比赛，志在必得；德国队当时也处在高峰时期。90 分钟内，两队踢了个平局，加时赛又是平局，最后只得点球大战决胜负。英格兰队异常兴奋，踢进一个点球，球员就表露出欣喜若狂不可一世的架势，而德国队却显得很冷静，踢进一个点球也基本上没有太大反应。最终，英格兰队输了这场比赛。一位中国足球评论员说：“英格兰队太想赢了，所以反而输了。”

要做到“胜固欣然败亦喜”，需要我们有一种乐观的生活态度。其实，人生就像一曲旋律，曲中充满抑扬顿挫与悲欢离合，关键在于我们怎样去把握生活，多一分乐观，少一分忧愁，这正如事事退一步就会海阔天空。我们应该享受平淡带给我们的温馨，清心寡欲能带来意想不到的成功和喜悦。希望每一位朋友都能坦然地面对生活，在坦然中求得一分欢乐。

公司裁员名单公布后，娜娜整整哭了一晚上。第二天上班最引人注目的就是那双红肿的双眼，整个人看上去也无精打采，可是当她打开电脑，她就和往常一样开始工作了。看到娜娜这个样子，大家都不忍心像往常一样吩咐她去工作：“娜娜，把这个打一下，快点儿！”“娜娜，快把这个传出去。”……看到大家这个样子，娜娜就和主管打招呼，主动揽活。她说：“是福不是祸，是祸躲不过。反正裁员名单已经公布了，事已至此，不如干好最后一个月，以后想干恐怕都没机会了。”娜娜让自己在巨大的变动面前渐渐平静下来，做着自己该做的事情，坚守自己的岗位，随叫随到。

一个月之后，娜娜却被从裁员名单中删除。主任当着大家的面传达了老总的话：“娜娜的岗位，谁也无法替代；像娜娜这样的员工，公司永远不会嫌多！”

守住一颗平常心，就要不以物喜，不以己悲。在人生中总会遇到各种各样的事情，以一颗平常心对待自己的得失。在各种各样的经历中有意识地培养自己的心理承受能力，以积极乐观的态度对待生活中发生的一切，始终让自己活在快乐之中，始终保持良好的精神状态。

该在乎的在乎，不该在乎的千万别纠结

柴静在一次演讲中讲到过这样一个故事：

十年前，在从拉萨飞回北京的飞机上，我的身边坐着一个50多岁的女人，她是30年前去援藏的，这是她第一次因为治病要离开拉萨。下了飞机，下着很大的雨，我把她送到了北京一个旅店里。过了一个星期，我去看她，她说自己的病已经确诊了，是胃癌晚期。然后她指了一下床头的一个箱子，她说如果我回不去的话，你帮我保存这个。这是她30年间走遍西藏各地，和各种人：官员、汉人、喇嘛、三陪女交谈的记录。她没有任何职业身份，也知道这些东西不太可能发表，她只是说，一百年之后，如果有人看到的话，会知道今天的西藏发生了什么。这个人姓雄，拉萨一中的女教师。

做人不能纠结，要有些情怀，要志向远大，超越现实的纷扰，别在乎一城一池的得失。但是，这个故事中的雄老师，显然已经超出了我们的期望值。那是真正的情怀，真正的不纠结，但是，她还在乎、非常在乎一些事情——一些与她本人并无太大干系但直接关系到我们整个民族进程的事情。这是一种伟大的情怀。我们希望有更多的人能够成大事，能够在成大事后拥有这种情怀，即使不成就世俗意义上的大事，也保有这种情怀。

柴静本人也是这样一个人。如果不是这样，她就是不会在大红大紫之际辞去央视的工作，不会自费百万，拍一部百姓叫好而“专家”非议的

《穹顶之下》。我曾经在网络上看到过一篇某专家反击柴静的文章，大意是说，柴静不是内行专家，一知半解，尽情发挥，尽管她的片子出发点是好的，热心是好的，大部分内容也是靠谱的，但她真的不是专家。然后，专家指出，柴静的片子提出了烧煤和汽车尾气是雾霾两大原因，但由于回避了主次轻重，让人误以为烧煤和尾气对雾霾的“贡献率”同样大。事实却是，烧煤是雾霾的罪魁祸首……必须指出，上面讲述的这个专家并不属于带引号的专家系列，他还是有些专业知识的，但是我们要问的是，为什么在柴静之前，他也没有别人告诉我们烧煤是雾霾的罪魁祸首呢？另外，连他自己也说，柴静不是内行专家，但她的片子出发点是好的，热心是好的，即唤醒大众的环保意识，普及大众对煤炭、燃油对大气环境污染危害的认识——我觉得这一点已经足够了。

国家大事我们就先讨论到这里，接下来主要聊聊个体如何在生活道路上具体把握“在乎”和“纠结”这两个词。

人生在世，有些事必须在乎，比如我们的人格，我们的尊严，做人的道德操守，人生的价值取向，等等。如果这类做人的根本都不在乎，动辄喊着“成大事者不纠结”心狠手辣，为所欲为，那就枉自为人。历史上，现实生活中，也确实存在着一大批为成就大事——甚至仅仅是一些小事——做任何事情都不会在乎甚至连眉头都不皱一下的人。成大事，未必是好事。一将功成万骨枯嘛！我们一定要学习那些值得学习的人身上的成功特质，但绝不能照葫芦画瓢，不分好歹。我们不仅要与那种冷冰冰的成功学划清界限，也要与类似的成大事者划清界限。我想这正是我们这本书的与众不同之处。

姑且抛开其他不谈，即便仅从成功学的角度讨论成大事，也要有所在乎，比如至关重要的战略问题。欲成大事，敢想敢为是必需的，但也要相应的谨慎心、反思心。人们经常会提到一个词——战略风险，这属于方向性风险，在创业过程中最为重要。方向错了，再努力、再拼搏、再勤奋，都是错；只要方向对了，哪怕慢一点、笨一点，只要坚持住，一切都是对的，成功永远有希望。同时，也只有着眼于一些战略性问题的时候，人才不会为那些小枝小节纠结。所以，在“战略”这两个字上面，人稍微纠结一下，也是应该的。

再比如，对于工作，我们应该在乎，并且应该尽量同时关注战略与细节。战略决定方向，细节决定命运嘛！对于工作之外的事情，比如休闲，大可不必在乎，更不必为你请谁吃了一顿饭而对方没有回请这类小事纠结。

除此之外，生活中很多事情大可不必纠结，前面我们已经从多方面进行过阐释，后面也还要接着讲述，这里不妨作以下总结。具体说来：

首先，宠辱不必在乎。宠与辱都首先表现为一种感觉，其次才体现为一种状态。人生是个曲折过程，上升下降，得失来去，实在再正常不过。有人亲近你，宠爱你，信任你，帮助你，要感谢，但不要小人得志，尾巴翘得过高；有人和你气场不和，脾气不投，甚至中伤你，也不必纠结。古往今来，这样的人和事演绎过无数遍，没有人数得清，也没人记得清，历史只为那些有所成就的人书写。说句彪悍点的话：宠又怎么样？大丈夫需要人宠吗？只有自己不济的人才需要人宠。辱又怎么样？大丈夫不怕辱，只怕没辱。

其次，名利不必在乎。名利是个好东西，成大事，与之撇不开关系，只不过有的人成了大事，名利都据为己有，有的人成大事是一群人求名取利，且懂得回馈社会。这样的人，越有名、越有利，越好。不过，凡事要取之有道，绝不可做功名利禄的囚徒，就算能得到，也活不自在，很累很烦很纠结。过于不择手段者，还将造成祸害和罪恶。我们要正视名利，坦然一点，从容一点，淡然一点，“得之我幸，不得我命”，可进可退可拐弯，没什么不好。

再次，成败不必在乎。失败乃成功之母，成功了，也还有可能失败。成败之间，存在着辩证关系，而不存在必然关系。懂得这种关系，我们便没有理由因失败而沮丧，或因成功而骄狂。在失败面前，要给自己信心，要心向成功。在成功面前，要提醒自己小心，要想到失败。

再则，人言不必在乎。群众的眼睛未必总是雪亮的，但群众的嘴巴总是有话要说的。好话，尤其是成功之后的好话，我们要了解里面必须存在着大量的水分。坏话，特别是失败之后的坏话，我们愿意听就听听里面的好意，不愿意听就闭上耳朵，继续埋头加油，改写失败。

最后，那些不涉及原则的纷争、鸡零狗碎的恩怨、飞短流长的中伤、亲朋同事的误解等等之类生活小插曲，都不必在乎，都不必纠结，更不要为此而生气。了然一笑，化解块垒，放下不必要的精神负担，给正能量腾出地方，才能更好更快地向成功挺进。

不为明天烦恼，不为昨天叹息

每一个人来到这个世上都有自己的使命，所以每个人的经历就会完全不同。时间不会因为某个人而停留，时间也不会像金钱一样贮藏起来。在匆匆流逝的时间面前我们所能使用的只有今日，也就是所谓的现在。这里所谓的“今日”，正是“昨日”眼里的“明日”，而这个“今日”，不久也会消失变成一去不复返的“昨日”。每一个强大的人都会充满热情地去迎接今天，不虚度每一个今天，不辜负每一个今天。

以前看到过很励志的一句话：每天给自己一个希望，试着不为明天烦恼，不为昨天叹息。每个人都有一颗充满热情和勇敢的心，不怕失败，不怕付出，不怕失去梦想，也不会害怕一个人的旅行。逝去的不可怕，可怕的是现在的生活里失去热情和勇气，未来也不可怕，可怕的是你对未来失去信心和勇气。

华勒思·华特斯在《失落的致富经典》一书中写道：“你无法在你不在的地方行动；你无法在你昨天所在的地方采取行动，也不可能在将来才会去的地方采取行动；唯一能让你采取行动的，只有当下所在之处。”

在不知不觉中，生命在逝去也在前进。人生售出的车票都是单程票，出发了就再也回不到起点，失去了就再也找不回。将希望寄予“等到方便的时间才享受”，我们将不知失去了多少可能的幸福。

1933年，发生了霍墨·克罗伊人生中可能最惨的一件事。当时警长来找他，他吓得只能从后门偷偷溜了出去，因此他在长岛的家再也不能回了。那是他的孩子们出生的地方，曾经一起生活了18年的家就这样丢了。他不愿意相信这样的事会发生在自己的身上，他没有足够的勇气面对这一切。是的，一切失去的太快，接受这样的打击需要一个过程。12年前，正是霍墨·克罗伊人生得意的时候，他以高价把自创的小说《水塔西侧》的版权卖给电影公司，这个价钱在当时的好莱坞算得上是首屈一指的高价。他们一家旅居国外两年，过着夏天在瑞士避暑，冬天在法国过冬的富翁生活样。

在巴黎时，霍墨·克罗伊曾用6个月时间创作完成一本小说。这部小说被拍成电影，由威尔·罗杰斯担任主角，这是威尔·罗杰斯的第一部有声电影。这个时候的霍墨·克罗伊正处在事业发展的好势头上，电影公司邀请他回好莱坞发展，继续为罗杰斯的电影创作几部剧本。可他回绝了。在他返回纽约后他的麻烦也接二连三地来了。

霍墨·克罗伊一直觉得自己有某种潜能未曾开发，而且这种潜能可能自己一直都没有发现，于是他开始幻想自己是一名成功的生意人，在商场上纵横驰骋。

这个时候有人对霍墨·克罗伊说："嗨，霍墨，你知道吗？约翰·雅可斯投资纽约地产净百万。"霍墨·克罗伊心里想："雅可斯是什么人？不过是带着外国口音的外乡移民。他都能发家致富，我为何不能？我也要成为富翁！"霍墨·克罗伊沉溺于自己的幻想中不能自拔，甚开始阅读起游艇类杂志来。

霍墨·克罗伊对房地产买卖所掌握的知识并不会比一个对房地产接触不多的人多。他的创业历程是如何开始的那？很简单：把自己家的房子抵押掉，买下一片空地，等到价钱抬高后再售出，然后他就认为自己可以过奢华的日子了。每当他看到那些在办公室里任劳任怨听人派遣领薪水的人，他开始同情他们，他感谢上天只给了他这种投资理财的天分。

当霍墨·克罗伊还在做着发财梦的时候，经济大萧条就像龙卷风一样席而来。每个月他要为那片土地缴220美金的税，而且每个月的时间过得那么快，压得霍墨·克罗伊喘不过气来。除此之外霍墨·克罗伊还得支付抵押贷款，并努力维持全家的基本生活。

当幻想破灭，在残酷的现实面前霍墨·克罗伊先生陷入了忧虑。他想为某杂志写点幽默小品赚点稿费，可是他的行文沉重严肃，一点也不可笑。这个时候连他写的小说也卖得不如意。很快所有的积蓄都花光了，除了打字机及牙上的镶金外，霍墨·克罗伊再也没有值钱的东西可以抵押。牛奶公司不再送牛奶，煤气公司也切断了煤气供应。

生活的处境让霍墨·克罗伊难以入眠，经常半夜起来踱来踱去，直到累到困倦才回去睡。

霍墨·克罗伊买的那块土地，不但没有赚到钱还赔上了半生的血汗钱。银行强行扣押了他的房子，家人和他只得流浪街头。最后东拼西凑，霍墨·克罗伊一家总算弄到一些钱租下一个小公寓。

1933年除夕，霍墨·克罗伊一家搬进了那个小公寓。坐在行李箱上的霍墨·克罗伊打量着四周对自己说："我已经糟透了，情况不会更坏，只有转好的可能。"于是霍墨·克罗伊开始思考自己还有哪些尚未失去的东西：健康的身体，忠诚的朋友，还一颗从头开始的信心。从此以后霍墨·克罗伊不再忧伤过去，不再动辄生气，而是把时间与精力重新投入到工作，情况开始慢慢好转了。

后来回忆起那段时间，霍墨·克罗伊说："真要感谢自己的那段经历，走过那样的窘境后，我得到了更强的力量与更大的自信。我也终于明白什么是惨到家了，也知道哪些是不能被摧毁的，更明白你往往比自己想像得还要坚强。"

每个人在生活中都会遇到困难和各种各样的烦恼，我们不要因为这些烦恼而生气。当自己想生气时，一定要提醒自己"我已糟糕透了，情况不会更坏，只有好转。"因为过去已无法挽回，即使跌倒谷底，也要有向上看的勇气。未来虽然是未知的，但也是不可限量的，未来会一步步地向我们走来，所以把握每一个当下，不为明天而烦恼，不为过去而后悔。

刻意讨好只能自寻烦恼

日本作家山田宗树写过一部小说叫《被嫌弃的松子的一生》，故事中的女主角叫松子。

小说中有这样一个情节一直记忆犹新：松子的父亲因为松子的妹妹常年卧病在床，所以对妹妹一直照顾有加，几乎把所有的心思都放在了那个生病的小女孩身上。于是对松子的爱就少了一点，父亲不是不爱松子，只是父亲的精力有限，无法做到十全十美。但是松子对此却十分不理解，她也希望能够得到父亲的爱，一点也不能少于妹妹。这也成了松子心中的痛处。

一天，一个人玩耍的松子无意中做了一个鬼脸，父亲看到她做的这个鬼脸马上笑得合不拢嘴，而且这个方法在松子试过几次之后依然很有效。从那以后，她便把做鬼脸当成了自己讨父亲欢心的招牌动作。以至于后来遇到可怕或难堪的事情时，她都会做出这样的动作。她的这种行为无疑是对父亲的一种刻意讨好。一点一滴的积累，刻意讨好别人已经变成了松子的一种习惯。

她刻意讨好着身边的人，以至于她在爱情里更是卑微。她任凭被男友大骂，每天过着提心吊胆的日子，也不肯离开，她认为她是在奉献自己的爱。

小说中说：她所给予的是“上帝之爱”，她所有的努力讨好，不过是不想一个人生活。可故事的最后，她依然没有获得别人的同情，最后在孤独中死去。

不知道你从松子的人生悲剧里领悟到什么。生活中我们可能与松子遭遇不一样，但无论在怎样的境遇下，那些刻意地讨好、以卑微的姿态博取他人好感的事情永远不会让别人把你放在一个重要的位置上。一旦你去讨好别人，你就不再属于自己，你的灵魂就变得麻木，当你的讨好不能博得对方的欢心，你就会自责自己，自己给自己生气，生气也就成了你的家常便饭。

没有人愿意卑微的活着。也许你希望对方可以成为自己的朋友，但你没必要迁就对方的每种情绪；也许你希望得到他人的赞美，但你不能因此违心地做着自己不喜欢的事。即使你很努力，也不能让每个人都满意，刻意去讨好只是违背自己的内心做一些于事无补的事情。

现实生活中，很多人为了赢得别人的喜爱，故意掩饰真实的自我，做出自以为大家喜欢的姿态，或者为取悦于人不断地对自己说：“一定要在开始就给别人留下好印象！”但是，这样的人却不知道到底如何才能迎合别人的心意，越是想取悦他人，越是找不着正确的方向。结果是自己讨厌自己，自己给自己生气，长此以往，生气便如影随形。

每个人都在扮演着不同的角色，其实不管是在舞台上还是在现实生活中，我们都没有必要压抑自己的真性情去刻意迎合一些角色，完全释放自己的真性情，把自己最真实的一面展示给大家，不矫揉造作，不故作姿态，不去扭曲真实的自己。唯有最真实的你才更动人。

女孩在孤儿院里长大，因为特殊的生活环境，她的内心很自卑，看到别的孩子叫着爸爸妈妈，她觉得自己没有可爱之处，要不然父母也不会将她丢弃在医院的走廊里。

于是她非常伤心，便问院长："像我这样没人要的孩子，是不是走到哪里都不会有人喜欢的？"

听到小女孩这么说，院长看着那双清澈的大眼睛，心里很难过，不过她没有正面回答她的问题，而是说："过几天你就明白了。"

几天以后，院长带女孩去集市，把一块石头给女孩，并对女孩说："你去卖这块石头，但你要记住，不是真卖，不管别人给你多少钱，你都不要卖。"女孩点点头，心里却很困惑："一块石头，会有人要吗？"

女孩蹲在集市的一个角落里。不一会儿，有几个人上前询问，想要买这块石头，给出的价钱也越来越高。女孩很高兴，冲着不远处院长笑笑。

第二天，院长要女孩拿着石头到黄金市场去叫卖。结果，真的有人愿意出比昨天高出十倍的价格买下这块石头。

第三天，院长要女孩拿着石头到宝石市场去卖。神奇的是，石头又涨了十倍，因为女孩不肯卖，买石头的人竟然认为它是珍宝。

小女孩非常不解地问院长："为什么他们愿意花钱买这块石头？"

院长非常亲切地对小女孩说："生命的价值就跟这块石头一样，在不同的环境里就有不同的意义。一块普通的石头，因为你的珍惜，不肯随意抛售，它就有了价值，被人说成稀世珍宝。你和这块石头一样，只要你自己不肯轻易否定自己的价值，那么别人也会像对待珍宝一样对待你。要记得，看重自己，你就是独一无二的，你就是最珍贵的。"

所以，人要活出一份真实，就要从内心深处重视自己，清晰地看清楚自己的价值，珍爱与众不同的自己。如果一味地讨好他人，你就会看不起自己，而生气的动机也就随之产生，你的未来也将会因为爱生气而变得一团糟。

第四章

做强大的自己，用自信打垮生气的诱因

当你在生活里感到彷徨，当你因某件不顺心的事情而生气，当你开始感叹生活不易而生气，当你开始怀念爸妈的怀抱而生气……生活已经改变了我们，但不要让生活改变柔弱的外表下那颗坚强的心。只要心变得坚强了，把事情想开了，也就没有了生气的借口与理由。

别小看自己，你本来就很强大

生活中，那些动辄就生气的人，内心是脆弱的，经不起外界事物的种种考验。而拥有强大内心的人，从来不会因为外部环境的改变或事态的发展而发火生气。可以说，拥有强大的内心，是战胜生气的种种诱因。强大的内心需要一点点锻炼而成，相信自己，经过生活的磨炼，你会脱掉柔弱的外衣，蜕变成内心强大的自己。

薛尔德太太1937年死了丈夫，当时又几乎身无分文，这令她十分恐慌。她给以前的老板奥罗区先生写信，请求他能让自己推销《世界百科全书》之类的书籍。奥罗区先生答应了她的请求，薛尔德太太本来以为，繁忙的工作会抵消颓废和不安。那时，她要一个人驾车、一个人做饭吃、一个人生活，这所有的一切令她无法忍受，况且，有些地方根本就卖不出去书，哪里还有什么业绩。虽然分期付款买车的钱数并不多，但她却很难付清。

1938年的春天，薛尔德太太开车来到密苏里州的维沙里市。这里的路很不好走，学校又都很穷，业绩更少了。她一个人孤苦伶仃，十分沮丧。她感觉到生活一片黑暗，根本看不到希望。她每天早上还要面临分期付款的车钱、房租、食物，万一有个病啊、灾啊什么的，那更无异于天塌下来了。她绝望得差点自杀，之所以最终没有自杀，那是因为担心自己的姐姐会难过。

有一天，薛尔德太太读到一篇文章，其中“对一个聪明人来说，每天都是一个新人生。”这短短的一句话，令她精神振奋，她把这句话打印出来，贴在汽车前面的挡风玻璃上，为的是自己开车的时候能随时看见它。正是由于这句话的激励，后来他发现，每次只活一天一点都不难。每天早上起床后，她都对自己说：“今天又是一个新的人生。”

就这样，薛尔德太太很快摆脱了过去，变得很快乐起来，对生命充满热情和关爱。她说：“我知道，无论生活中遇到什么，我都不会再害怕。因为，每次我只要活一天，而.对一个聪明人来说，每天都是一个新人生.。”

的确，每个人都有因为遭遇挫折而失去勇气的时候，一个内心强大的人总是有迎接新生的勇气。

什么人才能拥有迎接新生的勇气呢？答案是坚忍的意志品质的人。

拥有坚忍的意志品质的人才具有真正成熟的心灵。困难挡不住他们通往成功的路，在困难面前他们永远有一颗倔强的心，勇敢地、坚强地迎接困难、面对困难、接受困难，想方设法地克服和解决。因为他们相信没有解决不了的问题，所以他们从来没有求饶过，没有绝望过，也没有失望过。

亨利家附近有一家汽车租赁店，琼斯是汽车租赁店的店主。亨利和这位店主相处得非常不错，他们经常在一起聊天。有一次，他们谈论起一个话题，双方都认为那些能够取得成功的人有一个共同的特点，那就是他们都拥有着坚忍的意志品质。在谈话的过程中琼斯突然问亨利：“你是否知道那位被称为.海中礁石.的纳尼德·巴德奇？”亨利点头表示知道这个人，问道：“他是不是一位精通航海术的人？”琼斯点头说：“没错，就是他！

在10岁之前，他通过自学的方式学习了拉丁文，所以他才能在那时研读牛顿所写的《数学原理》。在21岁那年，他已经是一位非常优秀的数学家了。后来，他又迷上了航海，于是开始学习航海术。听说，他还写过一本关于航海术方面的专业书，还被业内人士称为经典。难以想像，这样一个没有接受过正规教育的人居然能做出这样的成绩来。”

纳尼德·巴德奇确实是一位非常伟大的人，他从来没有接受过正规的大学教育，正是因为纳尼·德巴德奇练就出了不畏困难的坚忍的意品质，采用自学的方式获得了自己需要的知识，不顾一切地向着自己的目标前进。

可是现实生活中我们经常能看到一些这样的人，他们会对别人说："不，我不可能取得成功，并不是我不想这样做，而是想要把这件事情做好真的是太困难了。我没上过大学，我的身体不好，我家里太穷，我经历过失败，还有……"数不清的借口脱口而出。一个内心强大的人不会为自己的失败找借口，只会为自己的成功找方法。在困难面前退缩的人，或是容易被困难吓倒的人，很容易被外界条件束缚住了手脚。于是在困难面前她们不知道该怎么办，为了安全起见，他们采取的方法就是不去招惹那些困难和麻烦。

罗伯特·路易·施蒂文森一生被病痛折磨，但他却从未让疾病影响过自己的生活和工作。凡是与他有过交往的人都有一种这样的感觉：施蒂文森永远都是快乐的，并且还把这种精神力量注入他的作品中。相信，如果施蒂文森没有坚忍的意志品质的话，他是绝对不会在文坛中取得骄人的成绩的。

几乎所有能取得辉煌成就的人的背后都隐藏着巨大的困难和痛苦，所以条件制约不了你前进的步伐。

萧伯纳说：“很多人都习惯性地抱怨自己的环境导致他们不能取得成就。我从来不相信这类鬼话。如果你真的没有种环境，那为什么不自己去制造一个？”

人更需要练就坚忍的意志品质，藐视了摆在面前的所有困难，将自己的想法付诸行动，最终的成功和胜利一定是你的。

没有过不去的坎，只有回不去的曾经

当你在生活里感到彷徨，当你因某件不顺心的事情而生气，当你开始感叹生活不易而生气，当你开始怀念爸妈的怀抱而生气……生活已经改变了我们，但不要让生活改变柔弱的外表下那颗坚强的心。只要心变得坚强了，把事情想开了，也就没有了生气的借口与理由。

病了，给自己一份坚强；失败了，给自己一个目标；跌倒了，给自己在伤痛中爬起来的勇气；犯下错误，给自己一个宽容的微笑。

人既要有坚持下去的执着，也要有该放弃时就放弃的智慧。放弃与坚持并不是矛盾，我们坚持的必须是正确的、有意义的、有价值的，反之就应该放弃，否则你会让自己坠入痛苦的深渊。

有一次，马克去看望他的姑妈，他们已经有很多年没见面了。姑妈看到他很高兴，一边激动得笑个不停一边埋怨马克为什么一直不来看她。马克对姑妈说自己一直很忙，但心里一直挂念她。看得出来，姑妈那天显得很高兴。可是当马克问起表妹乔伊娜时，姑妈突然变得悲伤起来。

姑妈告诉马克，乔伊娜一年前开始变得沉默寡言，不愿意与人交往。从目前的状况来看，这些都还是小问题，严重的是表妹每天都只是吃很少的东西，现在她的身体越来越虚弱。

听到这里，马克很为表妹担忧，忙问姑妈到底是怎么回事，姑妈对马克说，乔伊娜一年前谈了一个男朋友，小伙子非常不错，两个人相处得也非常好，彼此也都深深地爱着对方。可是就在他们已经发展到谈婚论嫁的地步的时候，那位小伙子却因一场车祸失去了生命。从此以后，乔伊娜就变得郁郁寡欢，终日以泪洗面，无法从失去男朋友的阴影里走出来。

姑妈一边说一边抽泣起来，她说她曾经试图劝说乔伊娜，鼓励她重新振作起来。可是，乔伊娜根本听不进去，她告诉我，自己的这一生都要独自守候男朋友。

马克曾在自己的作品里叙述了他对这件事情的看法：说真的，我为有这样一个如此忠贞的表妹感到自豪，可我并不赞成她的这种做法。的确，男朋友的死给她带来了很大的打击，她很伤心是很正常的。我个人认为，消沉一段时间是很正常的事情。可是，如果像乔伊这样一直消沉下去的话，那失去的将不仅仅是男朋友，还包括她的健康和一生的幸福。

看到马克的表妹，大多数人都会认为她太傻了，一个女人怎么可能为了一段已经过去的感情而放弃以后美好的生活呢。是的，无法摆脱过去痛苦的记忆，是一个人做出的最愚蠢的行为。可是很多人在遭遇相同或类似的情境时，总是不自觉地会做出像马克的表妹一样做出傻事来。

欧洲有一句流行非常广泛的谚语：有人为了得到一颗铁钉而失去一块马蹄铁，接着又为了得到一块马蹄铁而失去了一匹骏马，然后又为了得到一匹骏马而失去了一名优秀的骑手，最后为了得到一名骑手而失去了一场战争的胜利。因此，我们可以得出这样的结论：那个人因为一颗铁钉而输掉了整个战争。这正是不懂得放弃造成的恶果。

曾经有一位哲人说过这样一句话："放弃是一种最高的境界，也是一种很难的选择。然而，这种境界和选择却是在我们面对人生际遇时所必须具备的。放弃可以让我们对自己的生活和整个人生拥有一种超脱自然的关照。我们不应该害怕，就算不能达到那种超然的境界，学会放弃也会让我们的生活变得洒脱一些。"

在坚持的过程中，懂得放弃是一种智慧，不生气的成功人士都懂得放弃的重要性。被称为"贸易天才"的纽约卡波贸易公司的董事长卡波司·塔科尔曾经说："在商界，要想获得成功，坚持到底是一条非常重要的原则。当我投资于某个项目的时候，我都会密切关注它的发展态势。不管这个项目在别人看来多么有前景，只要我认为它没有发展前途，那么就会马上撤回资金。我承认，有时候我也有看走眼的时候，也确实让我损失了一部分。但是，这远比那种因为盲目的投资所给我带来的损失小得多。我经常对员工说，如果一件事是正确的，那么我们就要坚持到底；如果这件事在中途发生了变化，成了错误的，那么我们就要马上放弃。"

一个心智成熟的人总是知道自己在什么时候该选择坚持，在什么时候该选择放弃。坚持一些错误的东西是不成熟的表现，所以我们应该在生活的过程中锻炼自己，使自己拥有一双慧眼和一颗坚定的心，在该坚持的时候坚持下去，在该放手的时候毫不迟疑地选择放弃。

有时候，当一切可怕的、让人伤心的、令人痛苦的，我们无法接受的境遇悄悄降临，我们往往会感到措手不及。于是，我们开始慌乱，不知道应该怎么办。当我们鼓足勇气选择继续坚持下去的时候，也会学会放弃一些东西，放弃那种让自己焦躁不安、痛苦难耐的情绪，放弃让你在困难面前胆小的恐惧，让自己平静下来，带着一份平静的耐心去等待生活的转机。

嘴巴是别人的，人生是自己的

世界上有很多东西我们左右不了，比如生老病死，比如自然规律，比如别人的想法，比如别人评价……太在乎别人看法的人，活在别人眼光中的人，不会活得很快乐，而且还会因烦恼而生气。

为什么拿别人的言行来折磨自己，为什么拿别人的错误而气自己呢？当我们有时间思考的时候不妨多问自己几个问题：我为什么在意别人的批评？我为什么要在意别人的想法？虽然说人与人相处推崇换位思考，可是谁能设身处地换位思考问题，有些时候即使你穿上对方的鞋，你也不会知道对方的痛在哪里，因为两个人的脚还有很多不同的地方……

明月禅师极负盛名。有一天，庙里来了一个怒气冲冲的青年，青年万分委屈地对明月禅师说："我每天的工作都很努力，但是，只有一小部分的人承认我的能力，说我将来必定会有一番大作为。而大多数人都骂我是一个大笨蛋，说我这辈子都不会有什么大的出息了，您说，他们怎么能这么可恶呢？"

明月禅师听完这位青年的诉苦之后，笑着问他："施主，外界传闻，有的人说我是一个上知天文，下知地理，还可以知天命的神人。

但是，还有的人说我就是一个大骗子，什么都不懂。施主你觉得我该不该生气呢？”

青年听到明月禅师这样问，一脸茫然地摇摇头。

明月笑着说道：“其实，这是一个十分简单的道理，比如，一斤米，用不同的眼光去看，它就拥有截然不同的价值。在煮饭的妇人看来，它只不过能做两三碗米饭罢了；在农民的眼中，它最多也就值一元钱而已；在卖粽子的人看来，它煮熟后包扎成粽子卖三元钱；在制饼人的眼中，它大致可以卖五元钱；在造酒的商人看来，它可以酿成酒，勾兑之后，能够卖四十元钱。其实，米还是原来的那斤米。”

青年若有所思，点了点头，说道：“多谢大师的指点。我知道了，我不应该因为别人的评价而生气。不管别人说什么，我最后能做什么，会成为怎样的人，其实还是由我自己决定的。”

明月禅师双掌合十，对青年微笑着点点头。

别人如何评价你，与你最终成为什么样的人没有关系。就像案例中的青年一样，虽然别人对其恶语相向，但最终自己会成为什么样的人，决定权其实在他自己手中。即使他们夸你是珍珠，如果自己不努力，最终只能成为一无是处的草芥；即便别人说你是草芥，只要你肯努力，最终你一样可以变成耀眼明亮的珍珠。所以，别人如何评价你并不重要，千万不要钻进牛角尖中。你最应该做的就是，坦然面对真正的自我，不断地努力、进取，这才是正道。

齐白石曾经在《印说》中这样说道：“予之刻印，少时即刻意古人篆法，然后即追求刻字解义，不为摹、作、削所害，虚掷精神。人誉之，一笑；人骂之，一笑。”

不管是美誉还是谩骂，都能固守本心，毫不生气，这是一种超脱的境界。这样，便可以逃避束缚的困扰，避免成为笼中困兽，专心致志地做事情，不为名而怒，不为利而火。这种不为名利所动的境界，反而能唤醒独立的意志与精神的觉醒，最终成就一番大事业。

有一次，卡耐基问伊莲娜·罗斯福，她是怎样处理不公正的批评的——这个女人受到过太多的批评，她热心的朋友和凶猛的敌人可能比任何白宫主人都要多得多。

她告诉卡耐基，自己小时候是一个非常害羞的小女孩，非常害怕别人说他什么什么。有一次别人批评他，她非常害怕，就向姑妈求助，她的姑妈就是西奥多·罗斯福的姐姐。她对姑妈说："姑妈，我想做某件事，可是我担心会受到批评。"

老罗斯福的姐姐正视着她说："不要怕别人怎么说，只要你自己心里认为是对的就行了！"伊莲娜·罗斯福告诉卡耐基，这一忠告一直是她的行事原则。她还告诉卡耐基，避免所有批评的唯一方法就是——"做你心里认为是对的事——不管怎样你都会受到批评。.做也该死，不做也该死.。"

当马休·布鲁什还在华尔街40号的美国国际公司担任总裁的时候，卡耐基曾问他是否在意别人的批评，他回答说："是的，早年我对这种事情非常敏感。当时我急于使公司的每一个人都认为我十全十美。要是他们不这样认为，我就会忧虑。只要某个人对我稍有怨言，我就会想方设法取悦他；可是我讨好对方，总会使另外一个人生气。等我再想要满足另一个人的时候，又会惹恼其他的人。最后，我发现我越想讨好别人，以避免别人的批评，就越会使我的敌人增加。所以我最后对自己说：.只要你出类拔萃，你就一定会遭到批评，所以还是早点习惯为好。.这对我大有帮助。从此以后，我就决定尽最大的努力去做我认为对的事，然后打开我那把旧伞，让批评的雨水从我身上流下去，而不是滴进我的脖子里。”

卡耐基认为关于怎样处理别人的批评这件事，狄姆斯·泰勒先生做得更好：他不但让批评的雨水流进他的脖子，而且当着别人的面对此大笑一番。

有一段时间，泰勒每个星期天下午都要在纽约爱乐交响乐团空中音乐会休息时间作音乐方面的评论。有一个女人给他写信，说他是“骗子、叛徒、毒蛇和白痴”。泰勒先生在他的书《人与音乐》中说：“我猜想她只是随便说的。”

第二个星期的广播里，泰勒先生向几百万听众读了这封信。他在书中说：几天以后，他又接到这个女人写来的另一封信，“表达她丝毫没有改变她的意见，她仍然认为我是一个骗子、叛徒、毒蛇和白痴。我现在觉得她不过说说而已。”

卡耐基实在佩服泰勒用这种态度来接受批评。面对别人的错误，生气无疑是拿别人的错误来惩罚自己的愚蠢行为。人生其实是很短的，享受人生的幸福和快乐的时间还不够，哪里还有时间去生气呢？

如果你想在生活中获得更多的快乐，就不必太在意别人看你的眼光。你的快乐由你做主，是由你自己百分之百支配的，没有谁可以剥夺你的快乐；你的人生由你主宰，所有的选择权都是你一个人的，没有谁可以决定你人生的方向。如果你在别人的否定声中没有了自我，你所追求的一切都会变成虚伪的假象，永远无法在现实中实现。任何人批评和否定都不要放在心上，世界生唯一能否定你的人是你自己，而且只有你自己。

生活中的批评和意见是不能避免的，倘若因为他人的意见与批评而生气，是不值得的。如果你始终把别人的想法看得很重，过于迁就别人的想法，你失去的不仅是快乐，而且也容易自己给自己生闷气。所以，嘴巴是别人的，人生是自己的，只要自己过得开心快乐就行。

你若生气，没有人替你坚强

生活中许多女性希望被呵护，男性同样也拥有这样的心理。如果要是得不到某种心理诉求，就可能会表现出生气的情绪，就会因生气而害了自己的一生。这种情绪会影响我们的正常生活与交往，严重时可能会导致我们人生观的改变。要知道，这是一个变幻无常的世界，无论是女性还是男性必须承担艰难，如果你不勇敢，依靠什么走过一程山水，送走一程风雨？

人生有两条路要走，一条需要用心去坚持，叫作梦想；一条需要用脚去丈量，叫作现实。在梦想里向往，在现实中徜徉，每个人都为自己选择了一条路，这条路通往一个地方叫彼岸。是选择就会面临抉择，是路就会有坎坷，别被突如其来的插曲吓倒，自己选择的路跪着也要把它走完，选择了就去坚持，哪怕用尽一辈子的力气！让一些东西成为你的信念，如闹铃一般，在你需要的时候将你唤醒。

每个人都会在悲伤的时光里有一段坎坷的过往，每个人都会在跌跌撞撞中坚强，学会自己的痛自己扛，自己的苦自己尝。对自己好一点，因为没有人会把你当成全世界，即使笑容里掩藏着忧伤，也要内心里选择原谅。时光不会倒流，故事就不会重演，抓不住的终究会被时间掩埋，所以没必要在乎那么多。

难过的时候心情会失落，想要诉说却无人倾听，终于说出口却无人能懂。选择哭泣不一定是懦弱，情绪需要释放，别因为一些无所谓的骄傲压抑自己太久。眼泪，是内心情感的一种释放，是情绪积存的一种释怀。

有说不出的痛苦就有说不出的感动。当内心深处无法再承受的时候眼泪就是一种解脱，言说一种最真情实的情。卸下伪装才会看到灵魂的脆弱，微笑的放弃往往心有不甘，眼泪永远不会撒谎。虽然你受伤，但信念依然顽强，擦干眼泪然后微笑着给自己力量，许诺自己一个远方。

失去了就是失去了，该继续的还得继续。失去的东西即使再拥有了，也不再完美，还原不了当初的样子找不回当初的感觉。不能继续的就让它就此止步吧，一切早已面目全非，继续下去的是残躯，灵魂早已弃逃。

每个人都有自己的一个世界，可以独自感受喜悦，也可以独自承受悲伤，拥有属于自己的一方天空。一个人的舞台，你可以尽情演绎；一个人的心情，你可以体会到尽情淋漓。喧闹以后的安静，美丽的心灵，简单的自己，所有的一切别人无法感同身受，也无法分享。有些委屈不奢求谁都会懂，有些感动也不要所有人聆听。看开了也就释然了。心情，都是自己给的；日子，是自己经营的，所以在伤痛中要懂得自我安慰。

经过寂寞的洗礼和孤独的磨炼一颗心才开始成熟。不得去怀疑自己深信不疑的东西。勇敢的人都有一个乐观的心态，不会因遭遇挫折而颓唐，也不因受委屈不停抱怨，他们时刻准备着，当机会来临之时，冲上去就紧紧抓住。即使有一时一地的得失，也不会放在心上，他们相信心存高远，才能到达远方。

有人认为勇敢并不是不管不顾的坚强，它也需要经验、智慧和判断力。没有这些打基础，勇敢有可能演变成一场灾难。勇敢是一种能力，需要经年累月的积累。此刻的你，还在为丢了一份工作而生气吗，还在因生活不如意而抱怨吗，还在因一段情感而哭泣吗？你若不勇敢，没有人替你坚强，世上没有趟不过去的河，也没有过不去的坎儿，只要你努力，只要你坚强地走过去，所有问题的答案都会与你相遇。

一位被丈夫抛弃而割腕的女人，在选择了要一个人勇敢地面对自己的伤口后说："从绝望中醒来，看到洒在窗前的阳光，我的心顿时就亮了。他值得我这样吗？不值！我就像凤凰一样，重获了新生。"在以后的日子里她全心全意地照料女儿、经营好自己的生活。是的，她曾经痛苦过但勇敢让她获得重生。

一位双亲惨遭不测的女孩，忍着眼泪，在巨大的痛苦面前她选择坚强地活着。她说："我不是不想崩溃，不是不想痛哭，只是哭过之后，还要自己重新整理心情，现实中有谁能够每时每刻在你身边为你擦眼泪？"说她不痛苦，那是骗人的。她只是一个不谙世事的小女孩，我们能看到她的遭遇却无法想像她的痛苦。可是当她选择用微笑面对痛苦，她就在坚强中刷新记忆。

风雨中的玫瑰是最美的，因为它妖艳动人，因为在风雨中我们看到了它的傲骨，经历风雨后散发出的美最令人震撼。这就是坚强的人的魅力，无需语言，那颗强大的心就可以感染周围所有的人，更可以让你把生气的种种动机赶到九霄云外。

只要不能毁灭你，所经历的都会让你变得更强大

每个人都会经历这样一段时光：没有人对你的痛苦感同身受，没有人对你的深夜痛哭加以关心，更没有人在你无助时给你鼓励……如果你此时生气而沉沦，那么你的一生将在无边的痛苦中度过。

一直以来，科威顿太太都在照顾三个病重的孩子。好不容易三个孩子在她的细心照料下都康复了，可是医生又对她说，她丈夫患有很严重的心脏病，随时都有可能有生命危险。

“我担心得要命！”科威顿太太在写给好友的信里说，“我彻夜难眠，体重很快就下降了 15 磅，再这样下去，我的精神会崩溃的。在一个失眠的夜里，我突然意识到我这样担心对事情有什么好处呢？我应该花一些心思让事情变得好一点，于是整个夜晚我都在计划自己接下来应该做什么。

“丈夫心灵手巧，会做家具。我对他说，我想让他做一个我设计的床头柜。丈夫说只要我设计得出来他就能做得出来。于是我开始想自己最想要的床头柜的样子，接着就把它画出来。第二天，我给他看了我的设计图纸，丈夫很喜欢我的设计，连着好几个下午，他都在为这个床头柜而忙碌。丈夫干活时十分开心，这是我最大的欣慰。后来，几个朋友看到我的小床头柜都非常喜欢，他们都要求丈夫也为他们做一个。

“为了我和丈夫有更多共同的事情可以做，我还和丈夫在小菜园里种

了些蔬菜和花。我们经常一起到园子里摘点新鲜的蔬菜，然后装在篮子里送给亲朋好友，每次看到朋友们脸上惊喜的笑容，我和丈夫都很开心。除此之外，我和丈夫还尽量去帮助那些需要帮助的人。实在没有事情可做时，我们会花上几个小时的时间，坐在菜园旁讨论我们梦想中的果园的样子，商量着什么时候种下秧苗。

“一个下午的一点钟，丈夫突然去世了。那时，我才明白，和丈夫一起梦想的这一年是我一生中最享福的一年，幸好我没有让自己整天生活在恐惧之中，面对不幸，我做到了我所能做的一切。”

生命并非总是快乐和幸福的，当生命的旅程陷入黑暗中时，当你的人生跌入低谷时，当你的天空阴云密布时，如果你能敢勇地面对这一切，不逃避、不软弱、不放弃，勇敢地接受生活的考验，那么这段旅程会让你真正成长起来。摔倒了并不可怕，重要的是在哪里摔倒就要在哪里爬起来。

罗根·史密斯说过这样一段话：人生应该有两个目标。第一，是得到自己所想的东西；第二，是充分享受它。只有智者才能做到第二步。波姬·戴尔是一位几乎失明了50年的女人，她在《我希望能看见》中说道：“我只有一只满是疮疤的眼睛，只能靠眼睛左边的小洞来观察世界。我看书的时候，必须把书贴近脸，然后努力把眼睛往左边斜。”

可就是这样一个女人却拒绝别人的所有怜悯，拒绝别人给自己特殊照顾。小时候她非常渴望自己能和其他孩子一起玩“跳房子”的游戏，由于她看不见地上的线，她就等所有的小朋友回家后，趴在地上将眼睛贴到地上一遍一遍地看，牢牢记住玩的地方。不久，她成了跳房子的高手。在学校读书的时候，她把大字印的书紧紧地贴在自己的脸上，不管眉毛碰到书了没有。就这样，她得到了常人也很难获得的两个学位：明尼苏达州州立大学学士学位和哥伦比亚大学硕士学位。

生活中很多人都渴望成功，但是并不是每个人都能获得梦寐以求的一切。不是机会没有眷顾他们，也不是他们的能力不够，而是他们她在困难面前缺乏“挺住”的精神，因此他们输掉了人生、输掉了梦想。

人们常说挺住就意味着一切，为了自己的美好生活就要在困难面前坚持下去。当你一路上披荆斩棘到达理想的彼岸，回头看一看走过的路，使你强大起来的是一个个的困境。没有让你毁灭的困境成就了强大的你。

所以，人生中很多事情都无法避免，比如深陷困境。当你深陷困境时悲观、失望就会爬上你的心头，攻占你的大脑，控制你的思维。此时悲观的情绪不断地给你施加重压，生气的“火种”一点即燃。所以身处困境时，别让自己在困境里沉睡，给予自己更多的肯定，只要生活不能将你毁灭，你就要将自己变得强大；只要你挺起脊梁，相信风雨过后一定有彩虹，你就不会因眼前的困境而怨天尤人。

有了“野心”，哪还顾得上生气

在生活中，如果你想表扬一个人很有抱负，你说他有“雄心”，他会很高兴，但如果你说他有“野心”，那么这个人就会不高兴。他会认为你在说他这个人占有欲很强，好像要从别人那里抢夺东西似的。自古以来，“野心”在多数情况下是个贬义词。不过，现在有心理专家研究表明“野心”是成功的关键因素。人一旦有了野心，就会向一个目标迈进，会用顽强的毅力克服沿途的重重阻碍，丝毫不把它们看成是生气的诱因。

“野心”到底靠什么建立？为什么在对待事业上，有些人充满“野心”和活力，而有些人却恰恰相反。人类学家研究发现，“野”是人类行为的推动力。人类通过拥有“野心”，可以有力量攫取更多的资源。当然，也必须承认，“野心”从某种程度上来讲，是一个“零和游戏”——你多占了资源，别人所拥有的就少了。根据这种说法，大家应该都有“野心”，一旦你具备了“野心”，你会把注意力全部集中在一件事情上，即便遇到挫折时，你也不会悲伤、生气，而是想办法去战胜挫折。

人要想在社会上立足，不可避免地会与别人竞争，你可以依靠的就是自己的坚强意志。不要因为觉得自己的遭遇很可怜，就让自己的泪水在一张柔弱的面孔上流下，那样只会让你的软弱在大家面前暴露无遗，不仅破坏了你坚强的形象，还会让别人对你失去信心。有“野心”的人不会让自己以弱者的形象示人，豢养好自己的“野心”先从重建“企图心”和“自信心”开始，给自己一个准确的定位，脚踏实地地一步步走向成功！

“野心”可以促进人的成功，但如果你将自己的“野心”放在道德和法律规定的范围之外，通过挖别人墙脚，或者通过损害他人利益来实现自己的利益，那么这样的“野心”是非常可怕的。

学会控制好自己的“野心”，对“野心”进行必要的引导。如何让“野心”成为促成事业进步的动力，又不伤害别人的利益和自身健康？

曾经有一些好莱坞的新贵们和其他行业几位年轻富翁就“野心”的话题接受电台的采访时，都毫不掩饰地承认：“野心”是永恒的特效药，是所有奇迹的萌发点。某些人之所以贫穷，大多是因为他们有一种无可救药的弱点，即缺少“野心”。

“野心”往往与远大的人生目标是分不开的。在生活中，很多人在抱怨中得过且过，就是因为他们缺乏“野心”，缺乏一个远大的目标，缺少对未来生活的规划，习惯了在踌躇满志中墨守成规，在自信满满中懒惰……

在生活中我们常常推崇量力而行，但在不脱离实际的基础上要让自己的“野心”膨胀起来。量力而行不是让你不思进取，而是让你在尊重现实的基础上，合理分析各方面的利弊，最终确定一个适合自己的长远目标。用长远的眼光看待自己的目标，不满足于一些鸡毛蒜皮之类的小事，也不要纠结于一些鸡毛蒜皮之类的小事。志向越大的人看得越长远，看得越长远的人志向越大。

心有多大，舞台就有多大。这里的“心”就是“野心”。一个心中装下“志向”的人，无论未来有多遥远都给自己张望未来的机会。我们看得到的，我们摸得到的，我们伸手就可及的东西有时候就是一张看起来合情合理的“温床”，躺在床上酣睡，将自己的理想和追求放置一边，最终原来可能很繁茂的一片草原荒芜了。一个心中装下“志向”的人，心中装着整个世界。远大目标跟个人的职业无关，你可以是个货车司机、银行家、大学校长、职员、农民……世界上最穷的人并非是身无分文者，而是没有远大目标的人。

根据对那些有野心的成功人士的观察，有野心的人具有以下共同的特征：

1. 清晰对自己的定位

若要在职场上担任要职，一定是很早就已经怀着“我要在职场闯出不凡业绩”的决心。女姓要完全摈弃“等哪一天出现一个白马王子救我离苦海”的天真想法。她们明白，在职场上为自己定下一个什么样的目标，例如，为自己定下“要在几年内成为主管”的目标，并且去实现这个过程中一定要实现的小目标，如此自然会拥有成功的机会，若是一点具体目标也没有，成功就不会从天而降。

2. 勇于提出要求

千万别以为，你的主管总是很主动满足你的需求，总会替你设想，替你规划升迁之路。事实上，一个部门中人数如此之多，主管无法顾及所有人。假如你有很强的企图心，自己最好主动向主管提出来。

3. 敢于踊跃发言

不少以男性占多数的职场中，女性的意见常常会被淹没，成为“没有的人”。女性应该坚信，自己绝对拥有发表意见的权利。成功女性发言都有所准备，条理清晰地陈述意见，而且言之有物。

4. 善于推销自己

在职场中，自我推销是一项绝对必要的能力。在众同事中，怎样使老板发现你的企图心和专业能力，需要采取一些主动的行为。成功女性也应自觉定期向主管报告工作进展情况。此外，在其他同事习惯性地躲着老板时，她们会自动找老板攀谈，给老留下积极、正面的好印象。

5. 懂得边做边学

跟男性比较，女性通常容易退缩，对于不曾做过的工作，一般会显得迟疑不前，因此而错过不少表现自己的机会。而成功女性总想抓住每一个能够展现自己的机会。她们懂得，对一件工作就算不能完全马上知晓，也还是可以边做边学的，而且要充满信心接受挑战。哪怕做错，也能获得宝贵的经验。

6. 要求授权，担当责任

职场上，老板最喜爱的员工，是可以放心授权的“将才”，而不是不敢担起大任的小兵。我们假如能够“主动”请求上司授权，接手不敢做的工作，必定可以得到更多充分表现的机会。

生活中不为不完美而生气

不管你多优秀，也不管你多成功，生活中总有遗憾，总有不完美的一面。每个人的生命都有一道缺口，你越是不正视它，越是不想要它，它就越如影随形。正是因为这样，生活中才有会有悲伤，才会因悲伤而生气，继而因为生气而毁了自己。

人总是奢望自己有一个让别人羡慕的光鲜外表，可生活中大部分的人都是普通人，有着普通的外表，做着普通的事情，过着普通的日子，没什么大起大伏，也不是万众瞩目，于是你开始对自己的样子、为自己的欠缺耿耿于怀；你期待中的爱人无可挑剔，所有不符合你想像的追求者你一概视而不见，无论你怎样努力和付出始终无法实现内心的所愿……你只是想在生活中遇见完美，可就是因为这样的追求让你在不知所措中懊恼、失落，当别人在生活中享受的时候，你却在生活中疲惫。

有人说鲜花凋零是一件遗憾的事，只要曾经努力盛开过，所有的一切便心安无悔；总能听到抱怨人生苦短的叹息，但只要你以只增不减的激情去热爱生命，生命便永远是晴天。生命中有太多的东西我们无法左右，但我们可以左右对待生活的态度。当生活出现不完美，让原本的美好破碎，如果你选择继续坚强地生活，做好自己该做的事，努力呈现最美的自己，这样既不枉费青春，也不会让自己在现实生活中悲观。这样一直坚持下去，才能在不完美的人生中感受到完美。

一位年近70、白发苍苍的老人，四处漂泊寻觅，人们问他在寻找什么？他答：“我在找一个完美的女人来爱。”

“你找了多久？”问他的人耐不住好奇。

“50年了。”

“毫无疑问你还没找到吧？”

“不，我找到过，她确实是我有生以来见到的唯一完美的女人。”

“那你怎么不去好好爱她？”

“因为，因为她在寻找一个完美的男人。”

每个人都希望自己的一生能够完美，找到天使般的伴侣，住豪华的房子，赏万千风光。但不知道想要完美的人有没有先问问自己是不是完美的，是否配得上这份完美？其实，完美与不完美只存在于一念之间，苛求完美只会离完美越来越远。

有位伟大的雕刻家，他的艺术造诣是如此的高超，以至于当他完成一座雕像时，令人几乎难以同真人区分。有一天，占星师告诉雕刻家即将死亡。雕刻家非常伤心，他开始害怕——就像所有人一样，他也想要避免死亡。他静心思索，最后想到一个方法——他做了11个自己的雕像。当死神来敲门时，他屏住呼吸，藏在那11个雕像中间。

死神感到困惑，无法分辨出面前哪一个才是雕刻家！

“到底怎么回事？12个一模一样的.人.？现在，该带走哪一个呢？”

死神无法做出决定，带着困惑，踌躇良久：“为什么居然会有12个一模一样的.人.？我该如何选择？”

又过了很久，死神想到了一个办法——他对着面前的12个“人”说：“先生，一切都非常完美，只有一件小事例外。你做得非常好，但你忘记了一点，所以仍然有个小小的瑕疵。”

雕刻家完全忘记自己要躲起来逃避死神的事。他跳了出来问：“什么瑕疵？”

死神笑着说：“抓到你了！这就是瑕疵——你无法忘记你自己，世间更没有完美的东西！走吧！”

从心理学角度来说，“完美”是一种极端追求。那种完善自我，健康地追求完美，并且在努力达到高标准过程中体验到快乐的人，不是完美主义者。心理学上的“完美主义者”是指那些把个人的理想标准和道德标准都定得过高，不切合实际，而且带有明显的强迫倾向，要求自己去做不可能做到的事的人。人生有许多的不完美，千万不要抱怨，苦苦去追寻不完美中的完美，而失去你触手可及的快乐。只有珍惜你身边的幸福，用平淡的心去面对生活，才会让自己豁达、快乐。

一个孩子犯了一个错误，母亲不断地指责他，因为她要培养孩子完美的品格。孩子拿出一张白纸，并且在白纸上画了一个黑点，问：“妈妈，你在这张纸上看到什么？”

“我看到这张纸脏了，它有一个黑点。”母亲说。

“可是它大部分还是白的呀！妈妈，你真是一个不完美的人，因为你只会注意不完美的部分。”孩子天真地说。

完美主义者往往不愿意接受自己或他人的不足。例如，让自己保持优雅的姿态、不俗的气质、温柔的谈吐。在人际交往方面，为了维护自己“完美”的形象，完美主义者常常生活在一个狭小的圈子中。他们很想融入群体中去，却又怕暴露了自己的缺点。因此，他们不敢表露自己的感情，不敢表达自己的观点和态度，给自己制定了太多的条条框框，处处以完美的标准要求自己——其实，他们带给自己的只有沉重的压力和深深的自责。

生活本来是不完美的，我们才要接纳生活中的不完美；因为生活本来是不完美的，我们才要追求完美。

追求完美本身并没有错，如果在生活中过分追求完美，那倒不如不追求完美，一味地追求最完美的境界，每天都生活在痛苦的折磨之中。有一些人认为，在生活中追求完美就是要求严格自己，不达到完美的地步誓不罢休，于是我们在生活中看到了心灰意冷、失望透顶的身影。任何事都不可能是完美的，一个过于追求完美的人是在给自己编织一个根本不可能实现的梦。

遇事想得开，对自己有好处

一个人遇事要有拿得起、放得下、想得开的胸襟。遇事想得开，妙在遇到不顺心的事儿后，不生气，懂得如何往后退。契诃夫在《生活是美好的》短文中就有如此妙语：“要是火柴在你衣袋里燃起来了，那你应当高兴，而且感谢上苍：多亏你的衣袋不是火药库”；“要是你的手指头扎了根刺，那你应当高兴：多亏这根刺不是扎在眼睛里。”

契诃夫这些话令我们深思，细想：木已成舟，无可挽回，与其苦恼、痛苦、懊丧，徒然加倍的折磨自己，不若奉行契诃夫这种“退一步海阔天空”的哲学思想，中国有句老话：“既来之，则安之”，静下心，稳住神，想自己该想的，做自己要做的，更能表现人格的力量，享受生活的乐趣。

遇事想得开，要善于向前看，向好处看，不要被眼前的悲伤和失意所缠绕，不要把有限的精力用在使我们失望的人和事上。

要知道生活中虽难免有黯淡的时候，但总有阳光，总有明媚和动人的时刻，阴郁的日子终会过去，明天定会比今日美好。

还记得普希金劝诫人们在阴郁的日子需要镇静的诗句吗？你看：“一切都是瞬息，一切都会过去，而那过去了的，就会变成亲切的怀念”。

我们只有遇事想得开，学会解脱，才能拨开乌云见青天，活得轻松潇洒，有滋有味。人生在世，不如意事常有。挫折、困难、不幸、麻烦，应该把它们看成生活的调味剂。

我们的思想能让天堂变地狱，地狱变天堂。只要我们把一切苦难看开看淡，自然就活在天堂中。若凡事想不开，或爱往不好处想，把芝麻绿豆大的事儿，也看得比磨盘大，就会总闷闷不乐，烦恼、生气，那么生活便成了一个愁眉苦脸的局面。而遇事一旦想开，若常往好处想，便没有攀不过的高山、过不去的大河，它能使我们软弱时变得坚强，颓丧时变得振作，忧郁时变得开朗，痛苦时变得欢愉……

不要任何事都计较，不要吃亏就耿耿于怀。一个人不要对不切实际的事情怀有过高的期望，把预期的目标定得不切实际，把事情看得太顺畅了，太容易了，结果事与愿违，就容易从空想的海市蜃楼，跌入悲观失望的深渊，对自己的身心都会产生很大的负面影响。

人应该淡泊为怀，知足常乐，这样就能远离生气、远离烦恼。

我们一定要明白：人在世上，不当的欲望不可过强，超出平常的期望不宜过高，凡事量力而行，适可而止才是最佳的选择。

遇事想得开，多从自身找原因，多做分析，自我反省，自我批评。有时事情的不良结局与自己的决策有相当大的关系，这时候如果只从客观上找原因，就会越来越想不开；要从主观找原因，勇于自我剖析，承认错误。

我们想不开时要这样想：这是我的错，与别人无关。许多事情的原因的确都在自己身上，不必迁怒于他人。

第五章

驱散心灵的尘埃，生气的念头就不会找上你

意大利艺术家莫迪里阿尼曾说过：“人最大的劣根性，就是双眼都用来盯着别人和外边的世界，难以自检。所以，我们应该用一只眼睛观察周围的世界，另一只眼睛审视自己。”审视自己，就必须进行自我剖析，然后痛快淋漓地向浅薄的自己、虚伪的自己乃至卑劣的自己告别。只有拂去灵魂的尘埃，才能打造出崭新的未来。

正视悲观，让心灵走出误区

《格列佛游记》的作者，英国著名作家威斯夫特天性悲观，他常常为自己的出身而哀叹，甚至会出现莫名的生气，不仅如此，每年生日的时候，他都身着黑衣，并且拒绝进食。但这位悲观的作家却认同乐观心态和积极情绪带给人的快乐和健康，他曾经说："节食、宁静和快乐是世界上最好的医生。"悲观主义大师叔本华说："我们总是忽略了自己拥有的，反而想着自己没有的那些东西。"这种悲观心态给人的痛苦，超过了战争和疾病所带来的痛苦；这种悲观，才是人生最大的悲剧。由悲观导致生气，是人生中最不值得的事情。

有一个很有钱的财主，想要从两个儿子中选择一个最大份额财产的继承人，就给了他们每人一锭银子，让他们到十里开外的一个小镇上，购买一个他们认为最值得购买的东西。而在这之前，财主已经叫他们的母亲偷偷把他们习惯装贵重东西的衣兜剪了一个洞。

下午，兄弟俩一前一后回来了，大儿子闷闷不乐，小儿子却兴高采烈。财主先问大儿子发生了什么事，大儿子沮丧地说："我也不知道金币什么时候就丢了！所以……我什么也没有买到。"说完就惭愧地低下了头。财主又转头问小儿子："你为什么兴高采烈啊？"小儿子说："因为我买到了我认为最值得购买的东西，那是一笔无形的财富，足以让我受益一辈子。"财主和大儿子都很好奇，双双注视着他，财主问："是什么呢？""这个财富就是一个很好的教训：在把贵重的东西装进衣兜之前，要先检查一下衣兜有没有洞。”财主满意地点点头。

同样是丢失金币，悲观者用它换来烦恼，乐观者却用它买来教训。悲观者从中看见的是无边地狱，乐观者看见的却是一米阳光。乐观者的生活是多么积极向上，悲观者的生活是多么消极被动。因此，我们要正视悲观，改掉悲观的心灵顽疾，走出心灵的黑洞。

约翰·柏马就差点儿让这种悲观毁了自己的家庭，他原本是一个性格温和的正常人，但一些遭遇使他的脾气变得暴烈，我们来听听他是怎么描述自己这段经历的。

他说：“从部队退役回来，我开始了自己的生意。一段时间后，我的努力终归有了成效，我的生意事事顺利。可是，这种好景不长，我购买零件和原料的渠道被切断了，这一问题迫使我必须放弃我的生意。我对此很难接受，变得悲哀而容易暴怒，我的心情越来越差，越来越悲观，我原本幸福的家庭也受到了影响，事业停滞了，家庭也眼看就要毁了。可那时候，我没有意识到自己的变化。有一天，我的下属对我说：. 约翰，难道你不觉得惭愧吗？你是不是觉得你是这世界上唯一有烦恼的人，事业停滞又能如何呢？大不了重新再来，但你的悲观会毁了你的家庭、你的健康，它还会使你失去朋友和家人。你看看我，我只有一只胳膊，我的半张脸也被烧伤了，但是我从不抱怨，你有那么多值得感恩的事情，但你却不停地抱怨，如果你总是抱怨下去，你会失去更多。.”

“我下属的一番话让我警醒，我忽然发现，自己正走向无底的深渊，我下决心改变自己，我要找回原来的好心态，值得庆幸的是，我终归恢复了之前的好心态。”

所以，当我们有悲观的情绪时，不妨静下心来，听一听周围亲人、朋友的劝说，他们的话是我们摆腿悲观情绪的良方。

有一对双胞胎虽然长得很像，但是性格却很迥异，一个很乐观，他看任何事情都有阳光的一面，每天活得开开心心的；而另一个却很悲观，不管多么健康向上的事情，他都能找到让他哭泣的理由，每天都不开心。

一天，父亲想对儿子进行一次性格改造，于是买了许多新奇的玩具给悲观的儿子，又把乐观的儿子送进了一间堆满马粪的车房里。结果，悲观的孩子泣不成声，父亲便问："你为什么不玩那些新玩具呢？"悲观的儿子回答："玩了就会坏的。"孩子仍在哭泣。父亲叹了口气，走进车房，却发现乐观的孩子正兴高采烈地在马粪里掏着什么。"告诉你，爸爸，"那孩子得意扬扬地向父亲宣称，"我想马粪堆里一定还藏着一匹小马呢！"

可见，乐观者在恶劣的环境中也能看到机会，而悲观者在每个机会中看到的都是灾难。这不仅影响自己的身心健康，让自己的意志变得消沉，还让周围的人也难得安宁。当悲观情绪蔓延时，恐惧便与其相伴，失望与其如影随形，让其终日惶惶不安。因此，怀有悲观情绪无异于"慢性自杀"。

人有悲欢离合，月有阴晴圆缺，人们在遭遇到人生的"无常"时，最容易产生悲观情绪，这也实属正常。但是悲观情绪是人们在心情低沉时的表现，是人们生活最黑暗的一面，因此不能让悲观的情绪长时间在我们的心底沉淀。

轻微的悲观情绪是人们生活中的一点插曲，但严重的悲观情绪就危及人们的身心健康了。当悲观情绪在一个人身上蔓延和发展时，足以把一个人消磨得身心交瘁。处在这种状况下的人，对任何事情都丧失了兴趣与激情，甚至万念俱灰。若陷入这种一蹶不振的状况之下，那生活就如一潭死水，毫无生机，心里更是黑暗之极，其生活可谓是永无光明可言。

所以，我们要正视悲观，学会调整自己的情绪，走出心灵的黑洞，这样的话我们就会不生气，就可以提高我们的生活质量。那么，怎么调整自己的情绪呢？建议从这几个方面进行调整：与乐观的人相处、回想过去的成功、怀有一颗感恩的心、改变周围的环境、打破旧有惯例、与动物和自然交流、让自己充实起来、从大角度想问题、了解自己的情绪周期。

欲望太多，你会淹死在生气的泡沫里

每个人都有欲望，只要生活中有让你不满足的地方，欲望就会随之而来，你心中的闷气也会随之升腾，最终会导致你因为欲望而生气。可以说，欲望是无止境的，很多人在欲望的世界里沉浮，满足一个欲望以后就产生爬上更高一层的欲望。欲壑难填，你千方百计地追求，你争先恐后地追逐，结果最终都无法让你满意。如果你所有的努力只是为了满足永无止境的欲望，最后疲劳的除了身体，还有那颗一味索取的心。

古时候，有两个很虔诚、很要好的教徒，决定一起到遥远的圣山朝圣。

两人背上行囊、风尘仆仆地上路，发誓不达圣山朝拜，绝不返家。走了两个多星期之后，他们遇见一位白发年长的圣者。这圣者看到两位如此虔诚的教徒千里迢迢前往圣山朝圣，就十分感动地告诉他们：“这里距离圣山还有十天的路程，但是很遗憾，我在这十字路口就要和你们分手了；而在分手前，我要送给你们一个礼物！什么礼物呢？就是你们当中一个人先许愿，他的愿望一定会马上实现；而第二个人，就可以得到那愿望的两倍！”

听完圣者的话，其中一位教徒心里一想：“这太棒了，我已经想好我要许什么愿了，但我不要先讲，如果我先许愿，我就吃亏了，他就可以有双倍的礼物了！不行！”而另外一个教徒也在想：“我怎么能先讲，让我的朋友获得加倍的礼物呢？”于是，两位教徒就开始客气起来，“你先讲嘛！”“你比较年长，你先许愿吧！”“不，应该你先许愿！”两位教徒彼此推来推去，“客套地”推辞一番后，两个人就开始不耐烦起来，气氛也变了。“你干吗！你先讲啊！”“为什么我先讲？我才不先讲呢！”

最后，其中一个人生气了，大声喊道：“喂，你真是个不识相、不知好歹的人啊，你再不许愿的话，我就把你的狗腿打断、把你掐死！”听了他的话，另一个人没有想到他的朋友居然变脸，竟然来恐吓自己！于是想，你这么无情无义，我也不必对你太有情有义！我没办法得到的东西，你也休想得到！于是，这个教徒干脆把心一横，狠心地说道：“好，我先许愿！我希望——我的一只眼睛——瞎掉！”很快地，这位教徒的一只眼睛马上瞎掉了，而与他同行的好朋友立刻瞎掉了两只眼睛！

这原本是一件十分美好的礼物，可以使两位好朋友一起共享，但是人的“欲望”左右了他们的情绪，所以使“祝福”变成了“诅咒”、使“好友”变成了“仇敌”，使原本可以“双赢”的事，变成了两个人瞎眼的“双残”！

福斯先生是一个富翁，在他还没有富裕之前，他觉得自己的生活非常不快乐。他每天穿着破烂的衣服，冬天不能避寒，夏天又脏又丑；吃的都是残羹剩饭。每当看到富人们昂首阔步地走在街上或坐在马车上四处奔驰的时候，福斯先生就有说不出的羡慕。他常常想：如果有一天我有了钱的话，我也会成为一个快乐的人。

福斯先生每天向上天祈祷。有一天他竟然捡到了一袋珠宝。他本来想把这袋珠宝据为己有，但是转念一想，还是决定坐在那里等着珠宝的主人。福斯先生一连等了两天，终于等到了珠宝的主人。这个丢失珠宝的人看见福斯先生，非常激动也非常感动。他说："我以为再也找不回珠宝了，原来天下还有你这样诚实的人。年轻人，就冲你这种精神，我决定把这袋珠宝赠送给你。"

福斯先生觉得一袋珠宝根本不可能让自己成为一个名副其实的富翁，他摇着头对珠宝的主人说："先生，我不想要这些珠宝，我想成为一个真正的富翁。"珠宝的主人看着福斯先生说："你这个想法很不错。这样吧，你就跟着我好了，我是一个专门做珠宝买卖的人。你可以跟着我做这个生意，我把这袋珠宝送给你做本钱。"

福斯先生对这个人千恩万谢，随后跟着这个人做起了珠宝生意。福斯先生的运气非常好，第一批珠宝就卖了一个好价钱。随着生意越做越好，福斯先生的钱也越来越多，他终于可以像其他富翁一样，穿着华丽的衣服、坐着漂亮的马车在大街上风光了。为了把生意做大，赚到更多的钱，福斯先生不断地吞并别人的店面，甚至连帮助他做生意的那个人也没有放过。福斯先生在几年之内就变成了一个有名的珠宝大亨，他出入各种上流社会，举办沙龙和晚宴。他和客人们谈笑风生，吃着美味的鱼子酱，喝着名贵的香槟。但是，钱越赚越多，福斯先生却越来越不快乐。他本想娶一个姑娘，但是发现这个姑娘只是因为钱才愿意嫁给他的时候，他十分痛苦。不仅如此，福斯先生的名气渐渐大起来，他的珠宝店被一伙强盗看上了。在珠宝店被抢以后，福斯先生更加担心自己的安全。他每天都生活得战战兢兢，生怕有人因为钱财来谋害自己的性命。

有一天，福斯先生站在办公室的玻璃窗边，看着下面来来往往的行人。忽然，他看见一个衣衫褴褛的流浪汉，这个流浪汉脸上的表情像是阳光一样灿烂。福斯先生让人把这个流浪汉请到自己的办公室，他问流浪汉："你这样穷，为什么还这样快乐？我这样富有，却根本不快乐。"

流浪汉看看福斯先生又看看自己，然后说："尊敬的先生，您看看我，我肩膀上什么都没有；而您呢，肩膀上扛着这样多的欲望，又怎么能快乐呢？"听完了流浪汉的话，福斯先生茅塞顿开。他立即拿出很多钱赠送给流浪汉，而且决定建立一个收容所，收留流浪儿童和无家可归的人。

人总是有很多欲望，总是在不停地追求，认为只要得到了想要的财富，自己就会变成一个快乐的人，但总是在得到以后才发现自己比原来更不快乐。所有的钱财都变成了一个重重的枷锁，将自己牢牢地锁了起来，快乐也被这个枷锁挡在了远远的地方。找到快乐的最快方法，其实就是挣脱贪婪的欲望枷锁，让自己一身轻松。

一家大型大商场发生了一起盗窃案，八只金表被盗走，损失金额达到 16 万美元。那个时候这是一笔数目相当庞大的金额。就在案子尚未侦破的时候，纵横商场数十年的雷克夫人恰好来到此地批发货物，当时雷克夫人随身携带了 4 万美元。到达酒店后，她听到有人在谈论这桩案子。传如果能私下买卖被偷盗的金表，1 万美元能买两只金表，转手后即净赚 12

万美元。雷克夫人一听不禁想："哪有这么好的事？"

可是雷克夫人确实对金表的事情动了心，一天的时间内金表的话题多次在她耳边响起。晚上的时候雷克夫人接到一个神秘的电话，电话那头的人用一种神秘的语气对雷克夫人说："你对金表有兴趣吗？老实跟你说，我知道你是做大买卖的商人，我想你已经听说金表被盗的事情了，这几块表在本地并不好脱手，如果你有兴趣的话，我们可以商量看看，如果你不相信我可以到附近的珠宝店鉴定一下，如何？"雷克夫人听后，不禁大喜，这笔生意可获取的利润要比其他一般生意丰厚许多，于是便答应对方见面详谈，最后雷克夫人以 4 万美元买下了传说中被盗的八只金表中三只。

买完金表后的第二天，雷克夫人拿起金表仔细观察，感觉金表有些地方不对劲，于是便把金表带到相熟的珠宝店鉴定。鉴定的结果差点让雷克夫人疯掉，这些金表都是假货，三只金表的价值加起来也只值几千美元而已。直到这帮骗子落网后，雷克夫人才知道从她一进酒店存钱的时候起，骗子就应经盯上了她，而她听到的有关金表话题也是骗子们故意说给雷克夫人听的。骗子的计划是，就算雷克夫人第一天没有上当，接下来他们还会有许多花招准备诱骗她，直到雷克夫人上钩为止。

所以，我们一定要随时提醒自己，欲望很可能让你失去一切，欲望会直接点燃起你心中的怒火，最终会把你烧得体无完肤。

屠格涅夫曾经说过："人生最美的事，就是一边走一边捡散落在路边的花朵，一生将美丽而芬芳。"欲望是个金托盘，也是潜伏在人心里的一种病毒，把握得好就可以利用它，把握不好就会危及自身的安全。有欲望是难免的，但要把握好尺度、让欲望为人所用，否则会被欲望所控制，甚至侵蚀心灵，最终淹死在生气的泡沫里。

摆脱自卑，塑造真正的自我

有人说："自信的人生是无价的。"的确，一个人想要成功，就必须有一个好的心态，因为心态决定命运。如果一个人的内心充满了自卑感，那他就不会有斗志，只要遇到一点挫折就会变得气不打一处来，从此就会一蹶不振。

古今中外，但凡成功人士，没有一位是自卑者。自卑者面对人生中的挫折和磨难，只会一味逃避，他们害怕失败，总是在内心否定自己，认为自己事事不如人，自惭形秽，丧失信心，进而悲观失望，不思进取。一个人若被自卑感所控制，其精神生活将会受到严重的束缚，聪明才智和创造力也会受到影响而无法正常发挥作用。所以，为了创造美好生活，一定要培养自信。

有一天，约翰对他的朋友说："我打算在我的故乡开创属于自己事业，如果能够取得成功，对我的一生来说具有非常重要的意义。如果失败了，我将无法面对父老乡亲，那时我只能一死告别这个世界。"

朋友听到约翰的话，感到非常吃惊。约翰"不成功便成仁"的想法，明显是自卑心理，为了改变他，让他成为一个自信的人，朋友委婉地说："每一个人都希望成功。可是你想过没有，成功和失败通常各占50%。成功对于任何来说都是一件美好的事情，谁也不希望失败，一旦失败了，说明有的地方我们没有做到位，我们应该审视自己，查出问题出在哪里，然后总结经验，再次发出挑战。”

约翰听了朋友的话，沉思了好一会儿，才愁眉苦脸地说：“其实，我无法对自己产生信心，但我有非常害怕失败。在很多时候，事情在没有开始前，我已经对自己丧失了信心。目前我已经四十岁，依然一无所成，我想在家乡干一番事业，是想向大家证明，我也是个有能力的人，我也能成就大事业，也好能为父母增光添彩。”

同学安慰道：“你的想法非常美好，我第一个支持，永远是你坚强的后盾。不过你现在最缺少的是自信，也就是说，自卑的心理占主导地位。”

“可是，又怎么能克服自卑心理呢？”约翰问。

朋友于是告诉约翰，有两个方案可以解决自卑的问题：第一是探讨无力感的来源。就是找出自卑感的源头，然后用科学的方法进行治疗。不过，这不可能立竿见影，需要一个治疗的过程。只要能坚持下去，自卑的问题一定能够解决。第二，从今天晚上开始，当你在走路的时候，在心里反复默念一句话；回到家躺在床上后，至少重复说三遍。如果你能够做到的话，你的问题就能解决。

这句话的内容是：“虔诚的信仰给了我无比的力量，凡事我都能做，而且一定能做好。”

于是，朋友把这句话写在一张卡片上递给约翰，并让他当即大声说三遍。约翰很配合，大声朗读三遍。

当约翰说完，朋友为他鼓掌庆贺，说：“你很勇敢，请继续下去。”说完，示意约翰站起身子，再大声说三遍。这句话很简单，约翰随手把卡片放在桌子上，对着朋友又大声说三遍。

约翰说完后，朋友问道：“你现在有什么感觉？”

约翰毫不犹豫地说："我有些激动。"

"这就对了，希望你坚持下去。"朋友说。

约翰告别朋友，只要一有空，就默念朋友给他开的"处方"，没有人的时候，他就对着墙壁大声说出来，当一个人来到郊外时，他就对着旷野大声吼出来。三个月以后，朋友见到了约翰，约翰的言谈举止发生很的变化。朋友高兴地说："自卑已经被你驱赶得差不多了，希望再接再厉。"

后来，朋友因工作需要去了另外一座城市。三年后，他们又见了面。约翰的第一句话是："这剂简易的处方太灵了，简直令人难以相信，想不到这么一句话竟然能给人带来这么大的作用。"

如今，约翰完全摆脱了自卑。真正开创了属于自己的事业，当初的愿望也变成了现实。

西方有一句名言："成功与否并不取决于我们是谁，而是取决于我们如何看待自己。"自卑者看不到自己身上的闪光点，即使我们身上有一股巨大的力量，它也会被自卑摧毁，在生活中埋下失败的种子；而我们的生命，也难以开出美丽的自信花朵，结出丰硕的成功果实。

有一位心理学家说过："他能够，是因为他认为自己能够；他不能够，是因为他认为自己不能够。"想要成功，我们就要走出自卑，只有这样才能充分发挥自己的能力，展露自己的天赋，我们的梦想才不会因为自卑而折断翅膀。

用淡定的心驱散周遭的浮躁

沉稳、含蓄是中国文化给人的直观印象，就像太极拳般心平气和、不急不躁、不生气。《论语》说，“欲速则不达，见小利则大事不成”。浮躁是现在社会的一种流行病，是生气的主要途径之一，得了这种病的人常常六神无主，盲目地跟随别人去追求最终失去了自己的选择。

“浮躁”是指轻浮，做事没有远见、见异思迁，不脚踏实地，急功近利，总想投机取巧。浮躁是一种情绪，浮躁是一种并不可取的生活态度，浮躁是精神不坚毅者枝头上的蔓枝。浮躁者对现有目标的专注度不够、耐心度不足，对现有的目标拥有不切实际的想法和希望。

有些人的内心深处，总有茫然不安的想法，如同海中的潮水时退时涌，时而汹涌肆虐，时而横流狂奔，让他们无法宁静，这东西就是浮躁。浮躁不仅是人生最大的敌人，而且还是各种心理疾病的根源。

从前有个拥有无尽财富和广阔疆土的国王，可他整天都处在烦恼之中，几乎忘记了怎样去笑。烦恼的国王命令他的大臣们去寻找世上最快乐的人，解开快乐之谜，让他也能重获快乐。于是大臣们走向四面八方，寻找快乐。大臣们都是身居高位的官员，拥有令人羡慕的地位，但他们互相讨论过后，发现没有人觉得做大臣很快乐：整天和公务打交道，为国王提出的各种要求而疲于奔命。大臣们去访问了工人，工人们整天早出晚归，做着辛苦的工作，酬劳却不尽如人意，脸上堆满了疲惫的神色，同样也不快乐。

整天在田野中劳作的农民也同样有太多的烦恼，辛辛苦苦劳作，还要担心变化无常的天气，地里的收成也不能全归自己。

最后，大臣们重新聚集起来，经过总结，他们一致认为：世界上没有活得快乐的人。

就在他们回王宫的路上，看到了一个牧羊人，他穿着破旧的衣服，驱赶着羊群，嘴里却哼着轻快的调子，一脸快乐的表情。大臣们从没看到过哪个人像这个贫穷的牧羊人一样快乐。他们将牧羊人带到了国王的面前。

国王问牧羊人："我的子民，你快乐吗？"

牧羊人笑眯眯地说："我很快乐啊。"

国王激动地问他："那你告诉我，为什么你会这么快乐？你拥有这世上最珍贵的财宝吗？你不必像我们这样日夜操劳就能享受生活吗？"

牧羊人说："不，陛下，我没有什么贵重的财宝，我更需要靠放羊来养活家人。"国王很吃惊地说："那是什么能让你如此开心？而我，身为国王，却整天忧心忡忡，烦恼不断。"

牧羊人笑着回答说："我不知道您为什么烦恼，陛下，但我能够告诉您我为什么这样快乐。我身体健康，家人平安。我爱我的妻子儿女，爱我的亲朋好友，他们也同样爱我。我在美丽的草原上放牧，自食其力，不欠任何人的钱。这些就是我快乐的根源。"

国王喊道："幸运的人！你这项破旧的草帽比我这顶镶满珠宝的王冠更有价值。你的草原给你带来的快乐要比我的王国给我带来的还多。如果人们都像你一样快乐，这个世界该是多么美好啊！"

牧羊人回答说："哦，陛下，这不是个难题，因为人总是想有多少快乐就有多少快乐，想要多快乐就能多快乐的。”

国王沉思了一会儿，微笑着对这位牧羊人说：“你说得对，拥有的多不一定就是好的，拥有的越多就越觉得不够，烦恼也就越多，而知足就能够快乐。”

国王让大臣们将这个道理写在书上，流传下去：“活在世上本来就是一件值得高兴的事情，人们所有的痛苦和不快都是由其内心产生的。”

因此可见，决定你开心与否的不是金钱的数量，而是你内心的想法。快乐其实可以很简单。身体健康，亲人平安，生活稳定，能够自食其力，家人朋友之间相亲相爱……最平凡的事物中包含了最真实的幸福。

一个人之所以会变得浮躁，其实就是一颗不满足的心在作祟。很多时候过于在意一时的得失，生活中就会缺少快乐的源泉，生活中缺少快乐就会造成幸福感的缺失。一个浮躁的人在压力面前太过急于求成，在目标面前又过分追求完美，在理想与现实的差距面前不能让自己耐下心来脚踏实地地走好每一步。有一句话这样说：“我不甘平庸，我应该拥有更多的物质和精神财富。”想求却不可得，本来一颗蠢蠢欲动的心变得更加浮躁起来。

浮躁的人很难让自己安静下来认真地做一件事情，总是忧心忡忡，眼前的事情做不好，对未来又充满恐惧。其实让自己从忧心忡忡中走出来的最好方法就是让一颗浮躁的心淡定下来。

现代社会，我们为生活奔波，为工作焦虑，为此人们的内心也会有苦恼和烦闷，有一些人便抱怨自己多么的不幸。其实不是你不幸，而是你走得太急，你的内心少一分淡定。

淡定的人总是笑对人生。不论身在何处，不论年华几何，都会豁达对待，坦然接受，从来不会因为某件事而生气或发火。

一颗淡定的心能驱散内心的浮躁，心平气和才不会让你在浮躁中火冒三丈，所以让自己安静下来，让自己静止下来很重要。

如果你正身处浮躁中，先让自己停下来，什么也不去做，让自己的内心安静下来，窥探一下自己的内心，心平气和地和自己说说话。想一想自己现在正在做什么，为什么这么做，问一问自己是什么让你这么浮躁?

一个浮躁的人最直接的体现就是无法控制住自己的脾气，遇到事情很容易丧失理智。在我们身边不乏这样的人，因为一点点小事或是生活中的一点点不如意就大发脾气、愤怒不已甚至出言不逊，但当事情过后就会后悔不已。

古时候有一位老铁匠，由于很早就没人需要打制铁器，为了生活，他不得不改变自己的经营方式，以铁锅、斧头和拴小狗的链子为生。他的经营方式总是过于古老和传统，常常是人坐在门内，货物就摆放在门外，从不吆喝，也不还价，甚至到了晚上也不收摊。无论你什么时候从这儿经过，都可以看到老人躺在门口的竹椅上，眯着眼睛，身旁放着一把紫砂壶。

他的生意不好也不坏，每天的收入虽然不多，但也够他喝茶和吃饭的了。他老了，不需要很多生活必须之外的荣耀，因此对于现在的生活状态，他感到非常满足。

有一天，一个文物商经过这条老街，他无意间看到了老铁匠身旁的紫砂壶。壶身古朴雅致，紫黑如墨，大有清代制壶名家戴振公的风格，他走过去和老人攀谈了一会，经过老人的同意，便端起那茶壶仔细研究起来。

文物商发现壶嘴内有一记印章，上面果然是戴振公的印记，商人对此惊喜不已。要知道戴振公有捏泥成金的美名，可是正是因为此，据说他的作品现存的仅有3件，一件藏在美国纽约州的博物馆里；一件藏在中国台湾的一家博物院；还有一件在泰国的一位华侨手中，当年这件作品在1993年的伦敦拍卖市场竟然拍到了16万美元的高价。

商人端着那把壶，他和老人攀谈起来，最后想以10万元的价格买下这个茶壶。当他将自己开出的数字告诉老铁匠时，他先是一惊，过了一会就断然拒绝了，因为这把壶不仅陪伴了他一生，而且是他的爷爷留下来的，也就是说他们家祖孙三代打铁时都是用同一把茶壶喝水。

壶虽然没卖成，但商人走后，老铁匠的生活彻底被打乱了。他有生以来第一次开始失眠。他躺在床上辗转反侧，这把壶他用了将近60年，而且一直以为它就是一把普普通通的紫砂壶而已，现在竟然有人愿意出10万元的价钱买下它，一时间让他不知所措起来。

过去他一直是躺在椅子上喝水，然后闭着眼睛将茶壶放到身旁的小桌上，但现在，他每次喝水都要坐起来看一眼，这让他感觉到浑身不舒服。特别让他不能容忍的事情就是，他拥有价值连城的紫砂壶的消息在当地人的中间不胫而走，小镇上的人蜂拥而至，纷纷到他的小铺子里问询，有的人开始向他借钱，更荒唐的是，晚上竟然有人来推他的门。

当那位商人再一次来到这个小镇，表示自己用20万元现金买下茶壶时，老人什么都没说，只是让他坐在一旁等一下，然后他叫来小镇上的人，当着众人的面，拿起一把斧头，将那个紫砂壶砸了个粉碎。

壶碎了，老人像是少了一个老朋友一样，但很快，老铁匠的生活就又恢复了平静。他一直靠卖铁锅、斧头和拴小狗的链子生活，直到百岁。

从这个小故事我们也可以看出，老铁匠最初被告知紫砂壶能够卖到

10万甚至20万元的时候，心里也是一种震惊，为此他失去了宁静的心灵，第一次失眠。但老人最终打破了名利对心灵的束缚，重新获得了宁静。他的生活也归于了平静，这样才能享有一个舒适安乐的晚年。

心灵的淡定能够沉淀生活中各种纷杂的浮躁，过滤我们人性中存在的浅薄粗率的杂质，可以避免我们生活中许多鲁莽、无聊、荒谬的事情。淡定就是一种气质、修养，更是一种境界和内心充盈的悠远。遇到事情安之若素，沉默从容，往往要比你气急败坏、声嘶力竭的反抗显得更有涵养，更能帮助你理智地做出判断。

人生不必太急功近利，不必要为那些浮华的名利浮躁不堪，不如将自己的心放缓，生在自然，随青山绿水而舞，见鱼跃鸢飞而动。以一副处乱世而静谧的人生姿态，去面对当下的生活，有了这种想法和姿态，自然就不会生气了。

不做“暴躁”的奴隶

现代人因为紧张的工作生活变得日渐暴躁，人们常会因为一些生活琐事发飙，做出非常出格的粗鲁行径。

云南街头曾经出现过一位轰动一时的“暴躁姐”，二十几岁的她在骄阳似火的大白天强行拉开一辆轿车的车门，不仅暴打车主还将后座的老人赶出车内，用自己脚上的拖鞋疯狂砸车，后来又爬上旁边的另一辆轿车，坐在引擎盖上耍赖撒泼，一度导致附近交通瘫痪。

很多围观群众亲眼看见了这位“暴躁姐”的狰狞面目，她在极端暴躁的愤怒下失去了正常人应有的理智，如同疯了般张牙舞爪，严重损害了自己的个人形象。把自己变成遭人非议指责的大笑话。暴躁的破坏性不仅仅限于此，有时候，暴躁还会招来杀身之祸。

但凡看过《三国演义》的人都知道，张飞虽然是为人称道的一员熊虎之将。但他最大的缺点就是暴躁。在阆中镇守之时。张飞接到关羽被害的噩耗，他日夜哀号，血泪衣襟。诸将领以酒劝解，张飞大醉后怒气更甚。士兵只要稍有过失，张飞就施以鞭刑，甚至还有被打死的。刘备时常劝告张飞，不要对部下用刑太严。这样下去迟早会丧失军心，引祸上身。但张飞始终没有改掉自己的火暴脾气，依旧我行我素，最后不幸被刘备言中。

有一天，张飞下令军中，限三日内制办白旗白甲，三军挂孝伐吴。第二天，他帐下范疆、张达两员末将因为一时筹措不到足够的白旗白甲而受到严厉的惩罚，愤怒的张飞命令二人要是在明天筹办不到就提头来见。范、张二人唯恐被杀，就合谋杀死了酩酊大醉失去防备的张飞，并拿着张飞的首级，逃到东吴去了。

张飞的死归根结底都是暴躁惹的祸，他报仇心切，使得心理阈值每况愈下，变成一个喜怒无常的狂躁匹夫。在肆意宣泄怒火的时候，张飞只是得到了暂时的痛快和满足，却给自己埋下致命的祸根。一员猛将就此陨落，让人扼腕长叹！

珍妮在一家公司做秘书，是位漂亮的白领丽人，每当她与别人意见相左，将要发生冲突时，她总是在办公室或回到家里整理内务，直到整理得干干净净、井井有条后才停歇下来。久而久之，同事、邻居都很好奇，询问她是怎么回事，针对他人的提问，她总是笑而不答。

由于从不与人争吵，珍妮几乎没与人结怨，在邻居、同事中的人缘极佳，做事也处处顺风顺水，经过十几年的努力，她在公司里的地位越来越重要，很快成为公司的领头羊之一。然而，每次遇到不愉快的事情她依然转身就走，然后打扫卫生，直至把自己累得气喘吁吁。家人不忍心看到珍妮工作这么繁忙，回家还要做卫生，就纷纷劝阻她并追问她为何如此做，在家人的苦苦哀求下，珍妮终于说出隐藏在心里的秘密。

原来十多年前，珍妮刚从学校出来，当时年轻气盛，是个暴脾气，经常与人闹矛盾，往往因为一句话或一件小事与人发生争吵。有一次，她因一点鸡毛蒜皮的小事与邻居争吵起来，当她把满腔怒火向邻居发泄之后，对方并没有认错，而她自己却突然一病不起，后来大夫说她的病是心火过旺引起的。病好之后，珍妮终于明白脾气暴躁，遇到纠纷无谓地生气或发火根本不能解决问题，反而很可能伤害自己的健康。从此，她决定改掉自己的暴躁脾气，每当与人产生矛盾时，她通过整理衣物或做卫生的方法，使自己的内心平静下来。

美国前总统威尔逊曾说过："如果你握紧两个拳头来找我，我想我能对付你，我的拳头会握得像你的拳头一样紧；但如果你到我这儿来说．让我们坐下来一起商讨，如果我们意见不同，我们要了解为什么意见彼此不同，争执点是什么．我们不久就可以看出，我们的分歧并不是相距很远，我们所不同意的地方很少，同意的地方很多。只要我们保持忍耐，就可以找出解决问题的办法。"暴躁是一件"自杀性武器"，根本无助于解决问题，那些一味地向人发火，试图通过富有攻击性的语言使他人屈服的人往往得到适得其反的结果。

达尔文曾说过："脾气暴躁是人类最卑劣的天性之一，人要是发脾气就等于在人类进步的阶梯上倒退一步。”面对暴躁不可选择束手就擒，因为脾气是好是坏，取决于自我控制的能力，这也是人之所以区别于动物的原因。张良拾鞋的故事是一段流传至今的历史佳话。张良面对老人一而再、再而三的无礼要求，理智地压制了自己暴躁的情绪，不仅去桥下为老人捡起了鞋，还亲手给老人穿在脚上。心怀仁慈的他没有让暴躁乘虚而入，他选择了平和及大度。张良的雅量受到老人的称赞和认可。使他意外收获了《太公兵书》这本奇书，经过刻苦研读，张良终成大器，为汉高祖刘邦立下汗马功劳，名垂青史！张良能够为自己的怒火冷却降温全部得益于平和的内心。

嫉妒是云翳，遮住我们远眺的目光

你有没有过这样的感受？当别人在某方面比我们突出时，内心会有一种不舒服的感觉产生。如果有，说明你心生嫉妒，说明你生气了。人无完人，相信很多人在特定的年龄或特定的时期，或多或少，都会因羡慕而产生嫉妒。我们要摈弃嫉妒之心，因为她是一枚可怕的炸弹，会把我们的美丽心灵炸得粉碎。那些心怀嫉妒的人，有时会失去理性，不计后果，做出一些让人难以想像的事情，不但伤害了他人，更伤害了自己。

起初，李太太是位本分的家庭主妇，每天的工作就是打扫、煮饭、洗衣、洗碗、照顾小孩……总之，她觉得自己诠释了“围着老公孩子锅台转”这句话的内涵。尽管如此，她一点儿也未感到单调与乏味，反而觉得侍候好老公和孩子，是女人的宿命。

可她平静的内心，却因一个人而产生波澜。原来，她的对面搬进来一位女人，这位女人美丽自信。当她与美丽的女人相遇时，她就觉得自己比对方矮半截，从此她对自己按部就班的生活再也没有了往日的热情。李太太很羡慕这个美丽女子，因为她简直是过着自己的“理想人生”：美丽、干练、经济独立、事业有成……如果可能，她真想和邻居交换！

每天早上，当李太太打开自家的门，送儿子去上学时，几乎天天都能遇到她。看着她身上合宜的套装，看起来很有质感的手提包，李太太觉得自己身上的运动装就像咸菜干。美丽女子身上散发出来的淡淡清香更让她怀疑自己身上有没有油烟味……

李太太带着这种自己觉得很奇怪的情绪生活了很久，一天，她突然发现，这个美丽女子竟成为自己烦恼的根源。因为每碰到她一次，李太太就会在心中祈祷：希望现在有一杯咖啡能泼到她的身上，希望她上班途中可以遇见强盗，最好把她的名牌包抢去……李太太的心中非常清楚，自己嫉妒她，非常嫉妒她。

某一天，在李太太接儿子放学的时候，在电梯中又碰见了这个美丽女子，看着她依然得体的衣着和妖娆的长卷发，李太太计从心来，她顺手推了一把儿子，儿子手中的冰激凌正好沾到了她的裙子上。美丽女子惊慌失措，而李太太在不住道歉的时候，心中不免产生了一丝暗喜……

李太太羡慕美丽女子的妖娆美丽，对自己的生活很厌倦，最终让自己的心灵变得扭曲，让自己的心灵长满了杂草。

其实，李太太会为自己的生活、为自己的人生打下“不及格”分数，完全由于她的嫉妒心理。可是她不明白，美丽女子的生活是美丽女子的，从来不会属于别人，不管她多么嫉妒，李太太都不可能成为那个美丽女子。

嫉妒心理的程度有深有浅，各不相同。程度较浅的嫉妒心理往往存在于人的潜意识中，所以人们根本察觉不到。上学的时候，看到自己的好朋友比自己成绩好，虽然没有任何想要对朋友搞破坏的心思，但心里还是隐隐有一些酸楚和不甘心，这就是程度较浅的嫉妒心理。程度较浅的嫉妒心理基本不会对别人或者自己造成什么危害。然而，当嫉妒心理程度较深时，就会表现为嫉妒者对被嫉妒者挑剔、造谣、诬陷等。这种程度较深的嫉妒心理就会对自己和他人造成损害。影响彼此的情绪，影响彼此之间的关系，对双方的工作生活都会产生影响。

对于别人的优点，我们可以羡慕，可以见贤思齐，但不要使这种羡慕发展成为嫉妒，我们要心胸开阔，意识到，人们都有优缺点，没有绝对完美的人，也没有一无是处的人。见到比自己强的人，要意识到这是正常的，“人外有人”、“强中自有强中手”，要勇于承认自己的不足，坦诚地赞赏比自己优秀的人。同样是在《三国演义》中，徐庶就是一个豁达的人，他知道诸葛亮才华盖世，不仅不嫉妒，反而在离开刘备的时候，竭力向刘备推荐诸葛亮。这样的举动，不仅促成了诸葛亮出山，还为自己留下了好名声。

刘备送走徐庶之后，万分伤感，久久不愿离去，还命手下砍去前方挡住自己看徐庶的树林。正伤感的时候，忽见徐庶拍马而回。

刘备大喜过望，问他：“元直复回，莫非无去意乎？”遂欣然拍马向前迎问曰：“先生此回，必有主意。”庶勒马谓玄德曰：“某因心绪如麻，忘却一语：此间有一奇士，只在襄阳城外二十里隆中。使君何不求之？”

玄德曰："敢烦元直为备请来相见。"庶曰："此人不可屈致，使君可亲往求之。若得此人，无异周得吕望、汉得张良也。"玄德曰："此人比先生才德何如？"庶曰："以某比之，譬犹驽马并麒麟、寒鸦配鸾凤耳。此人每尝自比管仲、乐毅；以吾观之，管、乐殆不及此人。此人有经天纬地之才，盖天下一人也！"玄德喜曰："愿闻此人姓名。"庶曰："此人乃琅琊阳都人，复姓诸葛，名亮，字孔明，乃汉司隶校尉诸葛丰之后。其父名珪，字子贡，为泰山郡丞，早卒；亮从其叔玄。玄与荆州刘景升有旧，因往依之，遂家于襄阳。后玄卒，亮与弟诸葛均躬耕于南阳。尝好为《梁父吟》。所居之地有一冈，名卧龙冈，因自号为．卧龙先生．。此人乃绝代奇才，使君急宜枉驾见之。若此人肯相辅佐，何愁天下不定乎！"

玄德曰："昔水镜先生曾为备言：．伏龙、凤雏，两人得一，可安天下。．今所云莫非即．伏龙、凤雏．乎？"庶曰："凤雏乃襄阳庞统也。伏龙正是诸葛孔明。"玄德踊跃曰："今日方知伏龙、凤雏之语。何期大贤只在目前！非先生言，备有眼如盲也！"

徐庶自比诸葛亮的时候，居然用"譬犹驽马并麒麟、寒鸦配鸾凤耳"这样的话语，言语间都是赞赏和肯定，完全没有嫉妒的意思，这也正是徐庶的可贵之处，他不仅有才能，更有胸襟。

我们在生活和工作中，一定要像徐庶一样，不嫉妒别人的才华，不去为此而生气，而是承认自己的不足，认识自己的不足。用开放的心态面对生活和工作，我们才能够提高自己，获得别人的认可。另外，如果能够胸襟开阔，容得下别人的好，我们做事的时候，心理也会更加放松，就不会存在生气的念头。

告别沮丧的自己，快乐的主权就在手心里

沮丧是一个人面对生活中的挫伤、压力、变迁与失望时的自然反应，它既不是一种行为，也不是意志力失败的结果，而是一种货真价实的心理疾病，是造成我们生气的一个诱因。如果我们经常为许多原本应该淡忘、不值一提，或者无法改变的事实，与别人生气、与自己怄气，那只会增加自己的负担。

每个人都会有沮丧的时候，尤其是在遭遇失败时。但沮丧并不是不可克服的。我们要拿出勇气改变自己的生活态度，找出引起沮丧的原因，然后像对待所有其他的不幸后果一样，勇敢地去面对它以及现实中的一切挫折和困难。你必须明白，失败只是暂时的，失败也不能说明我们注定与成功无缘。失败很可能致命，但失败所造成的严重后果往往不在失败本身，而在于一个人面对失败的态度。成功者之所以能够成功，就在于他们以开放的心理接受各种情绪的影响，具有较强的情绪承受能力，并通过适当途径克服消极情绪所带来的困扰，始终保持乐观向上的精神，对生活充满着希望和信心，从而才有勇气和耐心去征服生活中一个又一个艰难险阻。一味沉浸于沮丧之中不能自拔的人，最终只能使自己变得更加的一败涂地。

多年前，一位工程师带着一群工人修筑一条河堤，不料河堤还没建成，便遭遇了一场暴雨，所有机械设备都被洪水淹没，建到一半的工程也被冲得了无痕迹。洪水退却后，到处是乱七八糟的机械，泥泞不堪。

看着自己的劳动成果付诸东流，工人们一个个哭丧着脸，悲从中来。

“你们怎么了？”工程师笑着问大家。

“你没看见吗？”一个工人回答：“工地毁了，全完了！”

“我不这样认为。”工程师坚定地说：“虽然现在遍地泥泞，机器东倒西歪，但是我看到了蔚蓝的天空——等太阳出来以后，泥泞还会长久吗？”

工人们听了备受鼓舞，迅速投入到工作当中，很快便修好了河堤。

这位工程师，就是后来的汽车大王亨利·福特。

风雨不见得会带来彩虹，但绝对会造成泥泞。面对无法改变的结果，我们唯有改变自己的心态，笑着去接受，去认可，然后用积极乐观的态度，迎接挑战，改变现状。做一个生活的强者，永远给自己力量。只要还有希望，只要还够坚强，生活中就没有什么能让我们沮丧。

生活中，我们不是成功，就是失败，没有人能够永远成功，任何人失败都非常正常。失败本身并不可怕，可怕的是我们对失败耿耿于怀，囿于失败，从而忽略了积极进取，扭转败局。其实，一时的失败真的算不了什么，只要我们曾经拼搏，曾经追求，即使失败也是“虽败犹荣”，又怎么会“无颜见江东父老”？

古人云，世间不如意十之八九，我想先哲的本意是告诉人们要学会开解，可是现实生活中，偏偏很多人把生活看得太严肃，往往为了某些鸡毛蒜皮的小事勃然大怒，为了某些无法改变的事实耿耿于怀，但这样做除了让你倍觉挫败与无力之外，还能有什么用？领导绝不会因为你心情沮丧就给你加薪，老天也不会因为你心情沮丧突然间雨过天晴，那些残酷的事实更不会因为你沮丧而有所改观……所以，在这个存在太多不确定因素的社会，我们与其随波逐流，还不如有意识地培养一些让自己保持快乐的习惯，随时帮助自己调整心情。老百姓常说，好过也是一天，歹过也是一天，我们为什么不收回自己快乐的主权，开开心心地过好每一天呢？只要想通了，谁就能拥有快乐的自主权！

圣诞节下午，大卫和妻子琳达开着他们的新车去岳母家里一起过圣诞节。一家人过得很愉快，两个人很晚才开车往回走。回到家里已是深夜，两人都累极了，大卫也没多想，就把车子放在了门口，回屋休息去了。

但是小偷不累。当天晚上，一个偷车贼经过，毫不费力就把车子开走了。等大卫和妻子早上醒来，发现车子已经不见了时，二人不由得面面相觑，目瞪口呆。

没办法，报警吧。

听完琳达焦急的诉说，警察在电话那边不紧不慢地说：“琳达女士，我向你保证，你们的车子有望在24小时内找回，概率是98%。”

琳达却始终放不下心，在接下来的时间里，她接连不断地打电话询问破案的情况。

“我们还没找到，琳达女士，但现在仍有90%的机会找到。”

“现在仍有80%的机会……”

“现在仍有70%的机会……”

随着找到车子的概率逐渐降低，琳达逐渐变得烦躁起来，一个劲地埋怨大卫昨天晚上太大意了。但大卫却像个没事人似的，还不断和她开玩笑。

“我们的新车丢了，你还有心情开玩笑？”琳达几乎是在吼叫。

大卫看着她说：“亲爱的，我们的车丢了，甚至永远找不回来了，这是事实。但是我们可以因为丢了车而选择烦恼，也可以选择快乐啊，那我们为什么不选择让自己好过一点，却非得要雪上加霜让不快乐的事情更加不快呢？”

琳达想想也是，反正丢了，生气也找不回来了，于是开始着手做别的事，把这件事抛在了脑后。

谁知一星期后，警察却打来电话，他们的车找到了，不过车子有了轻微的损坏。但毕竟是找到了，二人非常高兴，决定兵分两路：大卫去警察局领车，琳达则去采购一些庆祝爱车失而复得的东西。

不幸的是，在开车回家的路上，大卫不小心撞了别人的车，被警察判定赔偿对方3000美元。

大卫沮丧极了，他猛踹了车子两脚，然后蹲在路边，一边抽烟一边生闷气，暗恨自己一无是处。这时琳达来了，她看看车子，又看着丈夫，说：“亲爱的，我们撞了别人的车，这已经是事实了。现在我们可以选择烦恼，也可以选择快乐。就让我们像车子没有找到的时候那样，接着选择快乐吧！”

大卫看着妻子，忽然忍不住笑了，举起双手赞成……

美国著名学者马尔登说过，“不安和多变，是形容现代生活的贴切词语。我们必须面对不安的生活，使我们的船驶过人生的险道——否则的话，就只有退回没有风险的港湾，恢复妄想和苦闷。因为能为我们担保的东西很少，我们只有尽力去克服那些危险，才能过上更满意的生活。”所以，不要再因为外界的纷扰自乱阵脚了。生活可以强加给我们很多不如意，但它永远收不回我们的快乐自主权！当我们再遇到不愉快的情况时，不妨学学故事中的大卫和琳达，凡事给自己一个快乐的选择，当你快乐了，哪还有时间想到生气呢？

你只要猜忌，生气就如影随形

猜疑就如一条无形的锁链，会把我们的思路牢牢地束缚住，让我们时刻都处于神经敏感的状态，对所有的事情都疑神疑鬼，拒绝信任任何人，甚至于对自己也会抱着怀疑的态度，继而让自己莫名的发火和生气。

猜疑会让我们距离朋友越来越远，如果疑心太重的话，那么就会因为一些根本不存在或者干脆都不会发生的事而忧虑和烦恼，整天闷闷不乐。猜疑的人往往嫉妒心也比较重，心地较为狭隘，因此无法很好地与朋友沟通，其结果当然是不可能结交到朋友，也无法建立正常的人际关系。长时间的孤独和寂寞，对身心健康都是有很大伤害的。

除了影响健康之外，还可能会因为猜疑失去自己最亲近的人。

洛莉本来是非常善良理性的人，她和建平的夫妻感情向来就很好。然而，两个人的关系在她下岗之后出现了重大的转变。建平是一位非常出色的外科医生，并且为人很稳重，在医院里是出了名的骨干。下岗后做了全职太太的洛莉一天到晚无所事事，总是害怕有别的女人去勾引自己的丈夫，更是怀疑自己的丈夫在外面和别的女人勾肩搭背。每天要打好几个电话给丈夫，一旦出现电话关机或者没有回复的情况，就质疑建平是在和哪个女人在一起。而事实上她的丈夫是在手术室里为患者做手术。丈夫回到家里后，她也要查丈夫的手机，同事发来的搞笑短信都被她认为是丈夫的情人，不依不饶的架势，使得丈夫百口莫辩。本来建平对她一心一意，甚至可以说是死心塌地，然而，由于洛莉的猜疑心理已经到了让人忍无可忍的地步了，把建平的生活搞得一团糟，甚至去丈夫的单位闹个不休，以至于整个医院都无法正常工作了。最后垂头丧气而又无可奈何的丈夫只得把离婚协议书交给她。

正是洛莉莫名其妙的猜疑，失去了一个好好的丈夫。

猜疑其实是人的一种主观情绪，是人的一种自我暗示。现代心理学研究表明：猜疑会给人带来很大的心理压力，让人的精神一直处于紧张状态。由于这些喜欢猜疑的人非常缺乏安全感，所以疑心重重的他们总是无中生有，想事情总是从消极的角度考虑。对于外界和别人对自己的态度异常得敏感，别人只是无意识随口说出的一句话都会让他们琢磨老半天，总要从中找出对方的“潜台词”。由于这些喜欢猜疑的人疑心重，所以和别人交往也不愿意敞开心扉。经常怀疑别人，把自己弄得郁郁寡欢、闷闷不乐。而且由于自我阻隔和外界的沟通导致自我封闭，很容易由对别人的怀疑转为对自己的怀疑导致自信心丧失变得怯懦、孤僻、神经质。那么如何消除自己的猜疑，减少生气呢?

1. 要理性地思考问题，不要无缘由的猜疑

当自己开始怀疑的时候，要立刻寻找导致自己产生怀疑的原因，不要一个劲朝猜疑的方向去思考，而是应该从正反两个方面的信息来分析问题。

猜疑一般都是从自己的假想开始的。所以在出现怀疑迹象时要控制自己，不要让自己胡思乱想，多问问自己为什么会产生这样的想法？理由是什么？除了自己想像的这个情况，难道就没有别的情况可能出现吗?

对于自己猜疑的事件一定要一分为二地来看，不要武断地做下结论，进入“先入为主”的死胡同。只有拓宽思路、理性思考才能让自己的猜疑之心在得不到证实的情况下自动消失。

2. 告诉自己能行，给自己心理暗示，建立自己的自信心

当你觉得别人是在对你撒谎，在看不起你，在背后说你坏话的时候，你要在心理不断地告诉自己“我值得信赖，他不会骗我”“我人很好，他没有理由说我的坏话”“我能力很强，他不会看不起我。”通过这种心理暗示就能够给自己建立强大的自信心。

“尺有所短寸有所长”只要自己善待别人、理解和信任别人，那么无论你的能力大小都可以给别人带来帮助，给别人以良好的印象。完全不用担心和怀疑别人在挑剔自己。只要自己培养好自信心就能将自己从猜忌中解脱出来。

3. 学会和别人交流沟通

猜疑其实从某种角度上来说就是心灵闭锁者自己人为地给自己设置心理障碍。假如不把这种障碍及时清除掉，就会加重和别人的隔膜，造成甚至加深别人的误解。

可以主动与你猜疑的人交流和沟通，开诚布公地把自己内心的猜疑和疑惑坦诚地提出来，与对方面对面地推心置腹地交流，这样就可以弄清真相，解除掉你的误解。只有加强交流互动才能增加彼此之间的信任，才能让猜疑之心烟消云散。

4. 无视流言，增强自己的调节能力

疑心重重的人要么总是害怕别人在背后对自己说三道四，要么对于一些说别人的流言蜚语无法辨别，甚至因为无法判断而轻信那些流言蜚语。

对于别人对自己的评头论足要学会调节，不要太在乎别人对你的看法。人生在世，难免会遭到他人非议。别人对你产生误会也是很正常的。大度一点，该怎么做就怎么做。

对别人的流言，不要根据三言两语就妄下结论和评价，要多方面全角度地去看一个人或者一件事。只有综合地全方面地看问题才能真正了解事实真相，而不会因为流言就心生猜忌。

实际上，所有的猜疑都是自己在束缚自己，捆绑的只是自己的手脚。事实上，许许多多的猜疑戳穿了，摆明了，都是很可笑的。大度地生活，全面地思考，早点把自己拉出猜疑的泥潭。

第六章

与快乐同行，它是生气的天然抗体

整天处于快乐中的人会生气吗？当然不会，因为他根本没有生气的理由。整天被快乐包围着，生气只能靠边站着，压根儿难以接近自身。每个人都渴求快乐，那么，怎样才能快乐起来呢？什么样的快乐是最可靠的呢？其实，快乐的方法有很多种，只要不找不自在、不找不痛快，就能快乐起来。

别让人生输给了心情

不记得以前在哪里看到过一句话：心情不是人生的全部，却能左右人生的全部。生活中我们也经常有这样的感受：心情好，无论做什么事情都有条不紊，如果心情不好，就爱生气，生活像乱糟糟的心情一样杂乱无章。很多时候我们一件事情没有成功，原因不是我们能力不够，也不是我们没能抓住最佳的时机，更不是我们的运气不好，而是我们输给了心情。在不好的心情面前，我们很难将自己的能力完全发挥出来，很难根据形势的变化做出最准确的判断，很难给自己勇气奋不顾身地往前冲，因而缺少了一份理智，缺少了一份动力，进而输给了机遇，也输给了自己。

好的心情需要美好的记忆浇灌。记忆就像一本书，一路走来内容越翻越多，一遍遍越读内容在脑海里越来越清晰，越读心情越沉重。若你让自己在痛苦里苦苦挣扎，一遍遍的抱怨只会让自己狼狈不堪，让苦涩的味道弥漫在心间；若你懂得把一切看淡些，懂得一点点遗忘，只有阔步向前，才会看到下一段路上的风景。

内心强大的人，永远不会回头去缅怀悲伤；内心强大的人为遗忘活着，无论过去还是现在，那些糟糕的、悲壮的、委屈的事情，都会被化为过眼云烟。

是的，如果你忘不掉过去那又能如何，一切不会因为你的念念不忘有任何改变，让昨天的伤痛一遍遍地在今天上演只不过是在给自己的心灵加上枷锁，用别人的错误惩罚自己，为自己徒增烦恼。

时间不会为任何人停留，如果你因为一时的失意而透支了青春，透支了美好，人生输给了自己没有掌控好的心情，你认为这是值得的吗?

昨天的你可能做着惊天动地的事情，万众瞩目、光彩照人，昨天的你也有可能体验着悲苦辛酸，但所有的一切都会在岁月的流转中化为平淡，最终被遗忘。生活的模样需要心情的雕刻，所以要学会经营好自己的心情，不沉沦在过去的甘苦中，你放不下过去，过去就不会放过你。

通往成功的路有千万条，我们的双脚只能选择其中的一条走下去。每一条路上都有坎坷，我们总会遇到被堵住的路口，如果你耐心地坚持下去都会找到一个出口，所以每一种“无能为力”之中都有“能力”。每个人来到这个世界都有自己的作用，你的作用别人无法替代，所以不要因为输了一次就放弃之前所有的努力和对未来的美好的向往。即使输掉所有，也不能输掉心情，不能输掉心情就要做一个快乐的人。

快乐的花朵会点缀整个人生，快乐是紧紧地捉住现在，让昨天所有的阴霾烟消云散，只留下理性的经验教训做今天快乐的基石；把明天的杞人之忧挡在门外，只让幸福的憧憬走进落地之窗，让自己尽情享受当下的人生!

一个人若能从日常平凡的生活中寻找和发现快乐，就不会生气，就一定比别人幸福。那么，我们怎样拥有一个不生气、快乐的心情呢?

1. 不贪图安逸

快乐的人总是离开让自己感到安逸的生活环境。快乐有时是人离开了安逸的生活才会积累出的感觉，从来不求改变的人自然缺乏丰富的生活经验，也就难以感受到快乐。

2. 不抱怨生活

快乐的人并不比其他人拥有更多的快乐，只是因为他们对待生活和困难的态度不同，他们从不问“为什么”，而是问“为的是什么”，他们不会在“生活为什么对我如此不公平”的问题上做长时间的纠缠，而是努力去想解决问题的方法。

3. 勤奋工作

专注于某一项活动能够刺激人体内特有的一种荷尔蒙的分泌，它能让人处于一种愉悦的状态。工作能激发人的潜能，让人感到被需要和责任，这给人以充实感。

4. 感受友情

一个人如果没有友谊，就会感到孤独寂寞，不可能有更多的欢乐。因此，人的生存需要有朋友。至于如何交朋友，这要根据各人的要求去选择。对待朋友，应本着尊重、友爱、信任、互助的态度，努力使友谊纯厚、持久。遇到不愉快的事情或矛盾时，要多和朋友交流，商讨解决问题的办法。和朋友做一些有意义的活动，充实生活。事实证明：真正的友谊会给你带来幸福和快乐。

5. 降低负面影响

少接受一些有关伤感、悲伤、恐惧等负面的消息，这样无形中就保持了对世界的一份美好乐观的态度。

6. 给自己动力

通常人们只有通过快乐和有趣的事情才能够拥有轻松的心情，但是积极乐观的人能从恐惧和愤怒中获得动力，他们不会因困难而感到沮丧。

7. **树立生活的目标**

快乐幸福的人总是不断地为自己树立一些目标。通常人们会重视短期目标而轻视长期目标，而长期目标的实现更能给人们带来幸福的感受，你可以把你的目标写下来，让自己清楚地知道为什么而活。

8. **心怀感激**

人的生存不是孤立的，而是相互依赖的。在生活中，每个人的思想、性格、品质不尽相同，所表现的言行也不一样。抱怨的人把精力全集中在对生活的不满之处，而快乐的人把注意力集中在能令他们开心的事情上，所以，他们更多地感受到生活中美好的一面，因为对生活的这份感激，所以他们才感到幸福和快乐。

拥抱阳光心态，快乐不请自来

诗人歌德曾经说过，当新的一天到来时如果没有新的喜悦，当夜晚降临时如果我们找不到任何新的快乐的期望，那么我们的醒来、睡去就失去了价值。当我们接受了今天的阳光，就该从生活中去感受快乐。

是的，生活的真谛是在快乐中寻求幸福，在幸福中感受快乐。尽管每天发生的事情并不一定都会让我们心情舒畅，但只要保持一种阳光心态，就能够保持快乐，此时生活就像调味剂一样能够治愈我们受伤的心灵，让我们感受到无比的惬意和愉悦。

快乐过好每一天，这是每个人的向往。可是，并不是每个人都能如意，特别是被社会现实弄得无奈的人，更会觉得快乐是一件很奢侈的事情。之所以会如此，是因为人们苦苦追逐的成功，久久渴望的名利，并不是快乐的根源，甚至被某些人演化成了引起生气、烦恼的主要原因。如果有了阳光心态，就会在看待每一件事情时总是看到它阳光的一面，也就是积极的一面，不会因它的负面影响而去否定它，气顺了，快乐也就出现了。在面对困境的时候，有了阳光心态，就不会去抱怨，就能够透过困难看到事情的积极一面，以一种愉悦的心情去努力奋斗，战胜困境，无论是与天斗、与地斗还是与自己斗，都会感到其乐无穷。

一旦有了快乐的心灵，就好像为我们提供了效果显著的良药，治愈我们不快乐的生活。如果整天总是去想一些痛苦、悲伤的事情，沉浸其中，那么我们的生活也会被它们包围，生活的天空没有了原本的晴朗，而是充满了阴霾和乌云。

古时候，有个人总觉得自己烦恼太多，生活不尽如人意。为了解脱，他去请教一位得道高僧。

“请问大师，为什么老天对我如此不公？为什么别人总是快快乐乐，而我却有那么多的苦恼？”他问。

高僧没有回答，而是让人取来一些盐和一杯水，让他把盐放入杯中，过一会儿再喝下去，然后问他味道如何。

这个人说：“很咸。”

高僧又让他带着相同的盐，和他一起来到湖边，先让他把盐倒入湖水中，然后又让他喝了一口湖水。

“味道怎么样？”高僧问道。

“很清凉。”这个人回答。

“有咸味吗？”高僧又问。

“一点儿也没有。”这个人接着回答。

高僧看了看他，语重心长地说：“上天对每一个人都是公平的，就像你倒进杯子里和倒进湖里的盐一样多。为什么你品尝到的味道完全不一样呢？原因就在于你的胸怀还不够宽广。面对生活，我们需要有一个湖一样宽广的胸怀，而不是一杯水。”

拥有湖一样宽广的胸怀，首先就意味着我们要正视并容纳生命中的苦难。生而为人，老天必定会为你准备一些“烦恼盐”，我们需要做的，应该做的，就是不断修炼我们的胸怀，当我们的心的容量越大，烦恼也就越微不足道。烦恼正如轻风，只要我们的心湖保持宁静，无限宽广，即使水面微漪，也是另一种美丽，另一种风景。所以，何不把自己由一杯水变为一片湖？

有一位虔诚的老婆婆，她经常去庙里烧香拜佛，但每次都是愁眉苦脸、满脸哀伤。

一次，庙里的长老问她为什么总是这么哀伤，老婆婆说：“我是在为我的两个儿子担心啊！我的大儿子是卖扇子的，小儿子是卖雨伞的。遇到雨天，我就担心大儿子的扇子卖不出去；遇上晴天，我又担心小儿子的生意不好做。我能不伤心吗？”

长老听了，笑道：“原来如此。不过你何不倒过来想想呢？晴天的时候，你大儿子的扇子会更好卖一些；下雨天，你小儿子的雨伞也会好销一些。这样的话，你还有什么好难过的呢？毕竟无论阴天雨天，你都有一个儿子生意兴隆啊！”

老婆婆闻言顿悟，此后每天快快乐乐，再无烦恼。

人生就像一场戏，既有鲜花美酒，也难免苦涩和荆棘。很多时候，我们的苦恼都源自于过分强求“天遂人愿”，而不肯放弃执着，“人随天缘”。就像老婆婆的痛苦一样，人世间本是一个巨大的矛盾体，生活中有得意也难免有失意。既然不能处处遂意，那我们为何不学着看开一些，尽量随缘呢？有些时候，我们不得不相信，天遂人愿只不过是人们的美好理想。但是我们坚信，快乐不在于拥有什么，快乐与否，其实取决于个人的心境、为人处世的态度，以及看待问题的角度。当我们放下了强求和执着，烦恼又怎能植根于我们快乐的心田？

生活原本没有他人想像中的那么单调乏味，不要把生活弄得太匆忙，留点时间和空间给自己，用以感受、享受生活的甜蜜。当我们仔细回味自己这些年走过的历程时，我们会发现，生活原本是一位无形的导师，时时刻刻在教育和指引着我们，在潜移默化中影响着我们的人生。

当看到和自己在同一起跑线的人取得了比自己更好的成绩时，要保持一种阳光心态，客观分析自己存在的各种问题，弄清楚自己失利的原因。在以后的道路中，不气馁，求进取，通过汲取教训来改正错误。做到了这些，我们的人生才会不断进步，不会因无聊的羡慕、嫉妒而影响心情或与他人产生隔阂，影响人际关系。他山之石，可以攻玉。有了阳光心态，就不会因自己暂时的不好处境而自卑，敢于自信地与成功的人在一起，主动、积极、乐观地向成功人士学习成功的秘诀、借鉴成功的经验，渐渐把自己塑造成一个成功的人。

要想拥有快乐，就要找对快乐的源泉。快乐与身处环境的优劣、所处地位的高低、拥有财富的多寡没有任何关系，只与我们的心态有关系。保持阳光心态，就不难拥有一份快乐的心情，生气的念头就不会找上你。

快乐源于内心，与金钱多寡没有直接的关系

一个人的快乐与财富的多少，经常是人们争论不休的话题，有的人认为，钱多了可以买很多的东西，当然会快乐了；也有的人认为，金钱虽然可以满足人的很多物质上的欲望，却无法买到真正的快乐。毋庸置疑，金钱和物质是一个人生活的根本，但一个人是否会生活得快乐，却并不是因他所拥有的金钱的多少来决定的。其实，很多时候一个人是否真正快乐往往取决于这个人是否懂得珍惜福祉，即一个人的真正快乐来源于一个人内心的知足。

有一个富人，城里有着很多店铺，乡下还有着很大的庄园，包括几百亩地和几百头牛羊。不仅仅是这些，他还有个大渔场和很多的渔船。尽管富人有着这么多的实业，但实际上他并不忙，因为生意全交给了那些雇来的人去打理，所以富人很少操心。然而，这种在他人看来想如何享受便可以如何享受的生活，富人却说他从来就没有感觉到自己快乐过。因为他一直担心他所拥有的、辛辛苦苦挣到的家业会突然一天消失不见，为此他经常是吃不好、睡不香。

在富人对面的一个简易阁楼里住着个工人，他是个穷小子，都三十多岁了还没讨到个老婆，但只要下了班回到家，他总是喜欢拿着把破吉他不停地弹，还扯着个破锣嗓子吼个不停。富人经常会看到对面那个穷小子的样子，心里很是纳闷儿，他不明白这个穷小子为何不知愁，整天乐呵呵

的。富人寻思良久，心生一计。他决定借给穷小子一笔钱，让他做生意，看看如何。果然，从穷小子借钱做生意后，回家后歌声少了。有一天很晚了，穷小子才回家。富人想，穷小子这么晚才回家，是不是只顾赚钱去了？于是，他便去问这个穷小子。

穷小子叹了口气，说："别提了，做个鬼生意啊？自从跟你借了钱我就发了愁，究竟做什么生意呢？外面的行情我根本就不懂，随便选一样做，万一赔了就麻烦了。可是，不做吧，又不行，到期还要还你利息呢。真是烦死我了，你说哪里还有心情去唱歌啊？！"

富人听后，忍不住哈哈大笑起来，因为从眼前这个穷小子身上，他看到了以前的自己。

所以说，拥有万贯家财的富人未必会得到真正的快乐，而身无分文的穷小子也不见得就有一身的烦恼。其实，一个人的快乐与否，并不在于他是否拥有多少财富，而在于他是不是拥有一颗知足的心。有钱的人如果总是想着如何才能保住或是获得更多的钱财，那么自然就会整日里殚精竭虑，心潮自然会起伏不定，又何来怡然自得的快乐呢？而没钱的人，一旦有了能够改变自己命运的机会，难免也会无法控制自己的情绪，从而失去自己原本所拥有的快乐。因为真正的快乐是源自于一个人的内心，只有其内心永葆知足的心态，快乐才会始终伴随在他的左右。

针对影响快乐的因素的问题，社会学家曾做过这样的调查："什么让你最不快乐？"结果显示，有超过60%的人把"缺少更多的钱"排在了第一位。也就是说，在日常生活中，有一大半人都认为有了足够多的金钱就会快乐。更多的人都相信钱再多一些能使他们更加快活。而另一份调查显示，有半数以上的人不相信"金钱买不到快乐"的说法，而相信"没有钱就没有快乐”的人也大有人在。

事实上真的是这样吗，使人们快乐的真的是金钱吗，为什么那么多的人认为有钱就会有快乐呢？

这或许是因为，有的人认为钱可以给他们带来生活的安全感；有的人觉得有钱是身份、地位的标志，有了钱就可以进入上层社会，成为受人羡慕和尊敬的人；有的人喜欢购物消费时那种大手大脚、随心所欲的快感；有的人想用更多的钱来买更好的奢侈品以满足自己的虚荣心；有的人希望有钱之后可以不用发愁于工作、生活的压力；甚至有人认为如果拥有很多钱，周围的人就会更喜欢自己、尊重自己：

如果从这些方面来考虑的话，生活的快乐确实与金钱有着千丝万缕的联系，但事实上远没有那么简单。心理学家研究发现：在影响幸福的各种因素中，金钱只起到 1/5 的作用；在构成美好生活的成分中，它所起的作用则是 1/6。一旦人们解决了温饱问题，拥有了食物、衣服、房屋等基本需求之后，快乐的源泉就在于有意义的活动和丰富的人际关系等因素，而这些都与金钱无关。支持这项结论的还有美国密歇根州立大学的一项调查结果：无形的财富比有形的财富更重要：不仅仅是金钱，其他一些因素，如年龄、性别、种族、社会地位和教育都不是一个人快乐与否的关键。

然而，“金钱至上”成为越来越多的人的信仰，几乎要上升为一条“有钱才会有快乐”的“真理”，有更多的人开始动摇自己的价值观。这一小部分人的狭隘观念控制了大多数人的喜怒哀乐，虽然他们的理论并没有科学依据。有调查显示，被《福布斯》杂志列为美国最富有的前 400 人的平均快乐指数为 5.8 ；而肯尼亚的某游牧民族，生活在简陋肮脏的草棚内，没有电也没有自来水，几乎没有奢侈品，按“金钱至上”的理论他们都应该过着非常不幸的生活，而他们的快乐指数也达到了5.8。

要知道，金钱是生活中的一个重要元素，但绝不是一个人的最终目标，也不是人们的保护神和幸福的源泉，它只是人们的工具。生活有多少快乐，在于你如何聪明地使用金钱和如何看待它，而不是有多少钱。所以，坚持你的个性，感受你的内心，你要了解到底是什么才让自己真正拥有发自内心的快乐。

快乐其实很简单，就在我们身边

其实生活本身是美好的，也是快乐的，之所以在有些人觉得不美好、不快乐，爱生气，关键在于没有发现快乐，其实快乐就在身边。

冬天快要来临的时候，老人把儿子叫到跟前，说："孩子，我已经老了，我希望你以后过上快乐的生活。"

青年说："父亲，您告诉我，我怎么做才能快乐？"

老人回答："你到社会上去吧！社会会告诉你怎么做。"

青年辞别了父亲，踏上了寻找快乐的旅途。

一天，青年在河边看到一匹瘦弱的老马，老马问他："年轻人，你要去哪里？"

"我在寻找快乐，你能告诉我吗？"青年回答。

"年轻人，你听我说，"老马说，"我年轻的时候，只知道吃草，饮水，甚至于我把嘴一张，主人便会把食物送到我的嘴里。除了吃，我什么也不干。当时我认为，世上再没有谁比我更快乐。可是现在我老了，主人把我抛弃了。所以我告诉你，年轻人要珍惜自己的青春，千万不要像我过去那样——不要享受别人给你准备好的东西，一切都要靠自己，不要怕麻烦，不要怕辛苦，并且要学会为别人的幸福而快乐。这样，你才能永远快乐。”

青年继续往前走，在一棵大树下，他遇到一条受伤的大蛇。蛇问：“年轻人，你到哪里去？”

“我去寻找快乐，你能告诉我吗？”青年回答。

“年轻人，你听我说，”大蛇说，“以前，我每天都为自己的毒液而自豪。我以为自己比谁都强，因为大家都怕我。现在我明白了，我当初的想法大错特错。其实大家都恨我，都想杀死我。我也因此害怕大家，总想避开大家。年轻人，你的嘴里也有毒液，所以你要当心，不要用语言伤人，这样你就不会有恐惧，不必像我一样躲躲闪闪。这就是快乐。”

青年又继续前行，后来他遇到了一只非常漂亮的小鸟。

“年轻人，你要去哪里？”小鸟问道。

“我去寻找快乐，你能告诉我吗？”

小鸟回答：“年轻人，看起来你已经走了很远的路，你的脸上满是灰尘，你的衣服破旧不堪，你有没有发现，连路人都想避开你？你知不知道，你已经无数次与幸福擦肩而过！或许，你今生都与快乐无缘了。请记住我的话：要让你自己显得美，你周围的一切才会变得美。那时，你就会拥有幸福。”

现实生活中的我们，其实就是那个懵懂的青年，总在寻找快乐，却忽略了快乐一直就在我们身边，始终存在于我们生活中的方方面面。只不过，它需要我们放下盲目地寻找与追求，静下心来体会看似平淡地生活。

美国作家富兰克林曾经讲过这样一个故事：

在他的办公室附近，有一位整天微笑待人的机械师。周围的很多人都很奇怪，为什么他总能保持这样一种状态。后来，富兰克林鼓起勇气，向机械师问道："不管天气如何，不管春夏秋冬，你怎么都能每天保持微笑、充满阳光呢？你有什么快乐的秘籍吗？"

机械师听后呵呵一笑，他回答道："其实快乐很简单的。我有一位贤惠的妻子，每天临走前都会祝福我好好工作；每天回到家，她又会为我备好一杯咖啡，用亲吻来对我表示欢迎。她一天忙下来很辛苦，可是却用善意的行动来表示对我的安慰，而我也会把一天所经历的事情和她分享。"

生活就是这样简单，快乐也是这么简单。只要积极地去对待生活，你就会感受到生活的真谛。乐观的人往往总能发现生活中的快乐，随时扔掉败局准备成功。因此，这种人十分受欢迎，因为和他们在一起能够轻松寻找到生活的快乐。

罗曼·罗兰曾说，如果一个人能够像孩子一样，保持一颗纯洁的心灵，带着乐观去做事，怀着善良去待人，处处光明、处处坦白，那么他一定会有一个比别人快乐的人生。快乐需要一种境界，保持纯洁，不再猜疑；乐观生活，告别悲观；坦坦荡荡，光明磊落。尽早让自己摆脱尘世的嘈杂，绽放人生的精彩。

有人整天抱怨，殊不知谁抱怨谁失去，最终损失的还是自己。不必抱怨工作紧张、生活压力大，其实只要给自己一个休闲空间，生活马上就会活泛起来，不再单调。也不必抱怨命途不济，前途暗淡，只要能早日端正态度，放松身心，为人生的梦想而奔波，就不怕改变不了命运。

弥尔顿在《失乐园》中讲道，意识的分别，决定着天堂和地狱的分别。

正确的意识可以把地狱造就成天堂，而错误的意识则可以把天堂折腾成地狱。快乐是一种意识，更是一种人生境界。懂得快乐，就会卧看天空云卷云舒，感受人生的荣辱不惊，就会闲赏庭前花开花落，体悟人生的淡定自若。

随缘不强求，知足者常乐

老子曾说过：“祸莫大于不知足，咎莫大于欲得。”这句话对于今天有着尤其特殊的意义。也就是说今天的我们一定不要贪求太多。所以要想让自己快乐，就不要太过贪婪。有欲望并非是坏事，那欲望太大一定不是好事。纵观今日一些落马之人，探其缘由，“祸咎”概莫能出其“不知足”和“欲得”之外。贪婪的欲望使得一个又一个春风得意的“能人”，从马上倏然坠地，沦为阶下囚，甚至走上断头台。

话说张果老成仙以后，经常来到民间寻访度化。一天，张果老走到一个村口，看见一对年老体衰的夫妇在辛苦地摆摊卖水。于是，张果老走上前去，借买水的机会跟老夫妻搭话：“请问二老，你们的日子过得怎么样？”老夫妻叹口气连连摇头说：“太贫困了，家里都揭不开锅了。”张果老又问：“那你们有什么愿望呢？”老夫妻毫不犹豫地回答说：“要是能有钱开个酒店卖酒。那这日子就好过多了。”

张果老告诉老夫妻说：“在你们附近的山顶上有一块形状酷似猴儿的石头。石头旁边有三个铜钱大小的泉眼。只要你们明天上山把堵在泉眼里的灰尘清理干净，那么泉眼就会自动流出有酒味的水来。”说完后又交给老夫妻一个葫芦，叮嘱说，每次盛酒只要把这个葫芦装满就可以了。

第二天天没亮，老夫妻就摸黑爬上山去。顺利找到了张果老说的那块石头。清扫完泉眼，果然就有水流出来。两人赶紧舀一点尝尝，惊喜地发现真的是香甜的酒味。老夫妻喜出望外，赶忙装了一葫芦拿回家卖，一葫芦酒刚好够卖一天，比以前卖水赚钱容易多了。

老夫妻从此以后天天上山装水酒卖，日子一天好过一天。不知不觉一年过去了，张果老再一次来到这个地方。张果老问："现在日子过得怎么样啊？"老夫妻说："自从受到你的指点，我们的日子过得好多了，但是你要是能再赐给我们一些酒糟来喂猪就更好了！"张果老听后，失望极了，他摇头叹息后念道："天高不算高，人心比天高。清水当酒卖，还嫌没有糟。"念罢，转身离去。第二天，老夫妻发现山上的泉眼枯竭了，从此再也没有水酒涌出来了。

老夫妻的不知足恰恰印证了"人心不足蛇吞象"这句话，世界上没有最好的日子，只有更好的日子，面对从天而降的恩赐，老夫妻依然不满足，奢望更多，最后被没收一切，从零开始。人的欲望是无止境的，在层出不穷的欲望驱使下，人们开始变得不知足，贪婪让人身心疲惫。现代人生活的幸福指数之所以直线下降，很大程度上是因为不知足。

自老子以后，很多先哲都提倡"知足知止"的教条，为什么要提出这样的信条呢？究其原因就是要人们懂得惜福的道理。至今为止，这个教条都紧紧地约束着中国人的行止。比如庄子就是一个清心寡欲的人，他曾告诫人们："知足者，不以利自累也。"王廷相则说："君子不辞乎福，而能知足也；不去乎利，而能知足也。故随遇而安，有天下而不与也，其道至矣乎！"吕坤也有一言曰："万物安于知足，死于无厌。"

一个美国商人坐在墨西哥海边，一个墨西哥渔夫划着小船靠了岸，小船上有十来条肥美的鲜鱼，商人大为羡慕，他走上前去，恭维一番后，问渔夫需要多长时间才能抓这么多的鱼。

渔夫说："一会儿工夫就抓到了。"

商人再问："那你为什么不多干一会儿，多抓一些鱼？"

渔夫不以为然："这些鱼已经足够我一家人生活所需。"

商人又问："那么你一天剩余的时间都在干什么？"

渔夫解释道："我呀？我每天睡到自然醒，然后出海抓几条鱼，回来后和孩子们玩一玩，再跟老婆睡个午觉，黄昏时晃到村子里喝点小酒，跟朋友玩玩吉他，我的日子过得又悠闲又充实！"

商人想了想，帮他出主意道："我是美国哈佛大学企管硕士，我可以帮你的忙！你应该每天多花一些时间抓鱼，卖了钱你就可以买条大一点的船，自然你就可以抓更多的鱼，再买更大的渔船，时间一长你就可以拥有一个渔船队，到时候你就不必把鱼卖给鱼贩子，而是直接卖给加工厂，或者你可以自己开一家加工厂，如此你就可以控制整个生产、加工和销售，发展到一定程度，你就可以离开这个小渔村，搬到墨西哥城，再搬到洛杉矶，最后搬到纽约，在那里生活，经营你不断扩大的企业。"

渔夫问："这得花多长时间？"

商人回答："大概二十年。"

"然后呢？"渔夫接着问。

商人笑着说："然后你就可以享受生活啦！时机一到，你就可以上市，把你的公司股份卖给投资者。到时候你可以几亿几亿地赚！"

"再然后呢？"渔夫又问。

商人说："到那个时候，你就可以退休啦！你可以搬到海边的小渔村，每天睡到自然醒，上午出海随便抓几条鱼，回来后跟孩子们玩一玩，再跟老婆睡个午觉，黄昏时晃到村子里喝点小酒，跟朋友玩玩吉他……"

"我现在不是这样吗？"还没等商人说完，渔夫困惑地问。

这个故事还有中国版本：一个教授旅游时发现了一个放羊娃，问他放羊做什么？放羊娃说"卖钱"；教授又问卖钱做什么？放羊娃说"娶媳妇"；教授接着问娶媳妇做什么？放羊娃说"生娃"；教授再问生娃做什么？放羊娃说"放羊"。教授大笑后感慨道，农村孩子毕竟不如城里孩子。其实真是那样吗？城里的孩子不也是在工作赚钱、赚钱后结婚、结婚后生孩子中轮回吗？在名利面前，我们没必要装得那么清高，但是我们应该看到，成功并不等于快乐和幸福。美国商人说得最终目标无疑是一种成功，但是在墨西哥渔夫的心中，那不过是回到了原点，而且中间还有二十年的光阴需要他去疲于奔命。所谓知足者常乐，不管你承认与否，我们的生活其实已经非常的幸福。

有一位好学的年轻人去问高僧："究竟什么才是真正的快乐？"

高僧没有回答年轻人，而是带着他去拜访了一位在当地有钱有势的权贵。这个人早年做过官，后弃官从商，积累下了富足的家业，但不幸的是，不久前他得了一种不治之症。当高僧将年轻人的问题拿来问这名权贵时，他不假思索地说："真正的快乐当然是拥有一个健康的身体了，只要能够健健康康地活着，我宁愿把自己所有的财富都送给别人。"

年轻人明白了："大师，我现在知道了，一个人真正的快乐是拥有一个健康的身体。"

听罢年轻人的话，高僧笑而不语，又带着他找到了一位体操明星。

体操明星的身体十分健康，胸脯厚厚的，像块石板，可是一个月前他失恋了——那位和他相恋了七年的演员女友在去好莱坞演了一个跑龙套的小角色后，便投入一个美国佬的怀抱中。当高僧问体操明星“究竟什么才是真正的快乐”这一问题时，体操明星回答说：“真正的快乐当然是爱情了。”

从体操明星那里出来，年轻人困惑了：“真正的快乐不是拥有健康的身体吗？怎么会是爱情呢？”

高僧听罢年轻人的话依然笑而不语，带着年轻人继续走。走到小河边他们碰到了一位垂钓的老人，高僧又去问这个老人同样的问题，老人笑眯眯地说：“真正的快乐就是我现在还能够坐在这里钓鱼，不管是钓到没有，我都会觉得很快乐。”

年轻人再次困惑了，他又问了高僧类似的问题，高僧还是笑而不答，又继续领着年轻人出发。一路上见了许多工作和生活在各行各业的人，结果彻底将年轻人搞糊涂了，他说：“大师，同样一个问题，为什么不同的人给的答案都不一样呢？”

高僧说：“年轻人，你发现没有？在这些人的眼里将曾经拥有、但如今已经不再属于他们的东西视为快乐，这其实是人心的不知足所致。其实，真正的快乐并不是一个人表面上看起来所拥有的一切，比如金钱、地位等，而是一个人心灵的知足与否。只有那些内心知足的人才是真正拥有快乐的人。”

年轻人忽然间明白了：“大师，就像是我们在小河边遇到的那位垂钓的老人，他才是这个世上最最快乐的人，是吗？”

真正的快乐，往往是一个人发自内心地对自己所拥有的生活的一种肯定，即知足而不是用汽车、洋房、金钱、名利等物质上的东西所装饰出来的美丽、气派、威严，所以，一个人如果想真正地拥有快乐，就不要过多地用金钱等物质去粉饰和充实自我，而是要通过工作和学习，让自己的内心充实起来，并且要时时告诫自己：一定要去除自己内心那股贪婪的欲望，使自己保持一颗知足的心。

知足的人即满足于自我的人，知足者能认识到无止境的欲望和痛苦，于是就干脆压抑一些无法实现的欲望，这样虽然看起来比较残忍，但它却减少了更多的痛苦。在能实现的欲望之内，拼命为之奋斗，一旦得到了自己的所求，快乐便油然而生，每上进一个台阶，快乐的程度也会上进一个台阶。只有经常知足，在自我能达到的范围之内去要求自己，而不是刻意去勉强自己、强迫自己，才能心平气和去享受独特之乐。

用微笑拉开每一天的大幕

长期抱怨与动辄生气的人最容易犯的一个错误，就是让消极的想法在自己的头脑里面生根发芽。比如经常有人说："我知道我不该抱怨、不该生气，但我不知道该怎么让自己不要抱怨、不去生气。"

大学毕业的张锴，在上海的一家外贸公司任职，去年刚工作时的情景现在仍然历历在目：

因为是第一天上班，张锴非常谨慎，虽然公司九点才上班，而且到公司只有半个小时的车程，他还是在六点就起床了。洗漱完毕之后，他特意挑选了衣柜里最贵也是最正式的一套职业装穿上，然后精神抖擞地出门了。但是让张锴没想到的是，当他昂首阔步进入公司，人力资源部经理把他领到他所在的外联部后，就再也没有人搭理他，部门里的其他职员也没有人抬头看他一眼。

张锴坐在座位上等了半天，也没有人过来安排他任务。他只得去找部门经理。部门经理看了看他说：“小张啊，饮水机的水要换了，还有帮大家到下面买些充值卡，回来的时候顺便给大家买好午饭……”

张锴感觉非常郁闷和无奈，也不知道该怎么办，如果拒绝又怕得罪部门经理。对他来说，帮同事做点事情倒是没什么，可是没有一个人对他的行为表示肯定，一句谢谢都没有。更为重要的是，在同事们的眼中，这些琐碎的事情也许都成了他分内的事情。因为这些事情，张锴很失落，暗地之中抱怨部门经理。但工作仍然得继续，张锴的这份工作一直持续了半年之久，最后不得不卷铺盖走人。和刚到公司时的兴高采烈相比，他走得似乎有点黯然，因此他的心绪一直很坏，这也直接影响到了他以后找工作的信心。

对于初入职场的张锴来说，因为缺少经验，可能很难正确处理好与上司、同事的关系，但抱怨根本解决不了问题，相反还会给自己的人际关系蒙上一层阴影。

很多时候，抱怨与乐观仅仅一步之遥。假如你是个悲观的人，选择了抱怨，就将时时忍受忧郁、痛苦的折磨，你的生活、学习、情绪、健康都将因此付出代价。相反，如果你能乐观地对待你所遭遇的一切不幸，困难和挫折将会因为你的乐观而变得渺小和微不足道。

据说，美国加利福尼亚州一位 6 岁的小女孩，在一次偶然的机会中，遇到一个陌生的路人，陌生人一下子给了她四万美元的现款。

一个小女孩，怎么可能突然得到这么大金额的馈赠？真是匪夷所思！消息一传出，整个加利福尼亚州的市民都为之疯狂地骚动起来，大街小巷，议论纷纷，街头巷尾，众说纷纭。很快，这则消息引来了众多媒体的关注。

记者纷纷找上门访问这个小女孩。

有记者问：“小妹妹，你在路上遇到的那位陌生人，你真不认识他吗？他是你的一位远房亲戚吗？”

也有记者问：“那位陌生的富人，为什么给你那么多钱？四万美元，那是一笔很大的数目啊！”

还有记者问：“四万美元！这是真的吗？我再看看，是不是假钞？不是假钞吗？真的不是假钞哎！那位给你钱的先生，他是不是脑子有问题呢？”

不管记者怎么问，小女孩的反应都是一样的，她总是露出甜美的微笑，回答说：“不，我不认识他，他也不是我的什么远房亲戚，我想……他脑子应该也没有问题！为什么给我这么多钱，我也不知道啊！不过，这些钞票真的不是假钞！我敢打包票！”

小女孩的回答很真诚，记者们却不满意，他们用尽一切方法追问，仍然无法探个究竟，心中还是一片谜团。

有一个聪明的记者，想了又想，最后这么问小女孩：“你能告诉我，那个陌生的富翁送给你四万美元现金的时候，发生的故事吗？”

小女孩努力地想了又想，约莫过了十分钟，她若有所悟地告诉记者：“就在那一天，我刚好在外面玩儿，在路上碰到那个人，当时我对他笑了笑，就只是这样啊！”

记者接着问：“那么，对方有没有说什么话呢？没有说什么就给你钱吗？”

小女孩想了想，答道：“不是啦，他说了一句话！”

“他说什么了？”记者迫不及待地追问。

“他好像说了一句：你天使般的微笑，化解了我多年的苦闷！”小女孩无助地撇了撇嘴，“可是，记者阿姨，什么是苦闷啊？我真的不懂！我只懂微笑！”

小女孩的嘴角弯啊弯啊，弯成一个好看的小月牙，很甜很甜。这就是微笑！

后来，有记者找到那位富翁，被采访时，他是这样说的：“如果一个天使般的微笑，足以打开心中纠缠多年的死结，这样的笑容应该是无价的。同时，它也是化解困境最有效的绝招之一！微笑，似蓓蕾初绽，真诚、善良而洋溢，感人肺腑；微笑，似兰仙幽草，温馨、浪漫而多姿，奕奕清芳；微笑，似火焰风姿，热烈、温暖而奋发，集思广益。在顺境中，微笑是对成功的嘉奖；在逆境中，微笑是对创伤的理疗。”

那个富翁原本是一个不快乐的有钱人。他脸上的表情一直是非常冷酷而严肃的，他所在的那个小镇上没有一个人敢对他笑。他偶然遇到这个小女孩，对他露出了真诚的微笑，使他心中不自觉地温暖了起来，让他尘封了不知多少年的心扉打开了。于是，他决定给小女孩四万美元，这是他对那时候他所拥有的那种感觉定出的价格。

人生如航海，有甘甜，也有苦恼。然而，面对生活中的烦恼，每个人都有自己的不同意见。我们要选择笑着面对生活中的烦恼。如果烦恼是生锈的铁钉，那么微笑就是润滑剂：如果烦恼是一把锁，那么微笑就是打开这把锁的钥匙；如果烦恼是一块冰，那么微笑就是熊熊烈火。

微笑是我们心灵的阳光，它能够照耀心田的绿洲，照耀人生坎坷的旅程，构筑生命的美丽；点燃乐观的灯，人生路上就会拥有无限的快乐，即使是痛苦也会被乐观催化成快乐。人生如一道菜，酸甜苦辣，应有皆有，不管是哪一种味道，我们都要欣然接受。同样的道理，无论在生活中，还是在学习中，遇到烦恼，我们都要乐观面对。

所以，不管什么时候，你都要明白，不要抱怨，更不要生气，生气就是拿别人的错误来惩罚自己。在面对不如意的事情的时候，你也要学会微笑面对。这样，你的心态就会更好，快乐就会常伴你的身边，而成功往往也就会时常垂青我们。

身处逆境时，更需要用微笑伴行

人生就像一场纸牌游戏，命运负责洗牌，但玩牌的是我们自己。输赢并不可怕，关键是我们能否笑对一切。威尔科克斯说：“当生活像一首歌那样轻快流畅时，笑颜常开乃易事；而在一切事都不妙时仍能微笑的人，才活得有价值。”殊不知，困难是对我们意志的磨炼，笑对困难是积极心理的体现，有了积极心理，我们就能够散发出无穷的力量，最终走出困境。

我们无法选择逆境还是顺境，但是我们可以选择哭泣还是微笑。人不是一面简单的镜面，当苦难到来的时候，你可以根据自己的内心做出反应。报以哭泣还是报以微笑，完全取决于你的内心。

笑对苦难，不仅可以让我们保留希望，还可以带给人们一种积极向上的动力，尤其是在面对逆境时。那些遇到困难就哭哭啼啼的人，虽然他们也许会因此博得他人的同情和帮助，但同时他的心气也会随之而减弱。如果一个人在最艰苦的时候能够以笑面对，那么他就会产生一股斗志，最终会破除艰难，取得成功。

在美国纽约，有一个小报童，不管刮风下雨，他每天都会在街头卖报纸。一天，一个企业家问他："孩子，做这个多长时间了？"

小报童微笑着仰起头说："三年了，从我七岁那年就开始了。"

企业家又问："送一份报纸平均能赚多少钱？"

小报童回答："现在是每份报纸赚十美分，不过偶尔有人会给小费。"

企业家点点头，接着问道："看你每天都笑呵呵的，卖报纸的时候应该很开心吧？"

小报童依然微笑着，说："刚开始时候不开心，辛苦不说，送一份报还赚不上两美分，因为当时在那个街区送报的人太多了，许多孩子比我大，比我有经验，我赚不了多少钱。后来不知道为什么，卖报纸的人越来越少，他们看到送报赚钱难，就都悲观地认为干这个肯定不行了，一个个都改行去做别的了，后来我坚持了下来，过了一段时间，生意又好了起来，赚的钱就越来越多了。"

这个报童后来成为美国的"报界大亨"，成了富甲一方的大人物。

小报童的成功，绝不是偶然的，他在许多同行之间激烈竞争的时候没有放弃，在利润很少的时候没有放弃，在生活困苦的时候没有放弃，总是微笑着面对苦难，这种精神让他战胜了苦难，最终把握机会取得了成功。

一个失意的年轻人找到临济法师，要求临济帮他剃度，恳请皈依佛门。

“我看施主尘缘未了，施主还是请回吧！”临济不肯收他为徒。

年轻人沮丧地说：“大师，我屡屡失意，连连受挫，您为什么不肯收我为徒，让我跳出苦海呢？”然后年轻人一边叹息，一边向临济诉说自己的遭遇。

临济静静地听他诉说，如同入定一般。直到年轻人说完，临济仍然不发一语。年轻人很奇怪，问道：“大师为何不说话？”

临济仍然没有回答，只是吩咐身边的小和尚：“这位施主远道而来，速去烧一壶温水送来。”小和尚答应一声，转身离去。

不一会儿，温水送到。临济抓了一撮茶叶放入杯中，然后注入温水，放在年轻人面前，微微一笑道：“施主，请用些茶。”

年轻人一看，杯中之水半开不开，杯中的茶叶全部浮在水面上，一看就没有泡开，于是问道：“请问大师，贵寺怎么用温水冲茶？”

临济微笑不语，只是重复说道：“施主远道而来，口中必定饥渴，先请用些茶吧。”年轻人只好端起杯子，轻轻咂了两口。

“请问施主，这茶可香？”临济问道。

听到询问，年轻人又咂了两口，细细品味一番，然后摇头说道：“这是什么茶？一点茶香也没有。”

临济笑笑说道：“此茶乃是闽浙名茶铁观音，怎么会没有茶香？施主不妨再饮。”

年轻人心说，的确是没有茶香啊！他端起杯子，又喝了两口，再三品味，仍然没有茶香。这次，他肯定地说："真的没有一丝茶香。"

临济又是一笑，再次吩咐小和尚："烧一壶沸水送来。"小和尚听命而去。

不一会，一壶冒着热气的沸水送到。临济又取来一个杯子，放入茶叶，然后提壶注入少许沸水。年轻人一看，杯中茶叶上下沉浮，顿时便有一丝茶香浸入鼻间。

茶香诱人，年轻人禁不住伸手去端杯子。却听临济说道："施主稍候。"说罢提起水壶，再次注入一缕沸水。这一次，杯中茶叶上下沉浮得更加迅速杂乱。同时，一缕更醉人的茶香随水汽腾出杯子，刹那间满室清香。

年轻人见了，不禁叹服临济茶道之精、之妙。

就这样，临济连续往杯中注水五次，杯子将满未满，一杯碧绿，满室生香。

临济笑道："施主请用此茶。"

年轻人端起杯子，浅咂慢饮，顿时唇齿生香，更是赞不绝口。

"施主可知，为何同是铁观音但茶味迥异？"临济问道。

年轻人答道："大师先用温水，后用沸水，应该是调水不同吧。"

临济会心一笑："不错。茶道首重茶质，次重用水。用水不同，茶叶沉浮就不同。用温水冲茶，茶叶浮在水上，不经沉浮，茶香就不会散逸。用沸水冲茶，再掌握一定的技巧，茶叶上下浮沉，反复多次，自然就会释放出春雨之清幽、夏阳之炽烈、秋风之醇厚、冬霜之清冽。施主，人生亦如茶道，必经沉浮，方可成就大器。施主有心向佛，则无处不是三宝地。施主，请回吧！"

人生如茶，茶如人生。不经历风雨，人生就如同温水沏茶，淡而无味；经历了沧桑，正好像沸水沏茶，沉浮之间自有一缕清香。哲人说：“有一种美丽叫顽强。”伟人说：“不要抱怨我们遍体鳞伤，因为我们选择了在大海中远航。”

所以，当我们身处逆境时，不要抱怨世事浮沉、人生无常，要以微笑的状态面对现实，更不要在沉沦中自己把自己打败。你对困难、挫折、逆境微笑了，你不会因为它们而生气，而是执着“咬定青山不放松”的理念，现实一定会回报你一个阳光明媚的明天。

把快乐养成习惯的人，不生气有福气

查尔斯·施瓦伯还是一个孩子，但他却有了一份工作——在马厩里替人照看几匹高头大马。

施瓦伯一共要照看6匹马，这是6匹品种名贵的马，因而需要精心照顾。他不仅要喂养它们，还要替它们梳洗打扮，还要将所有的马具清洗干净。施瓦伯很胜任这项工作，他非常喜欢马，因为他从小就听爷爷讲关于骏马的故事。所以，当他看到有人招募一个马童时，他毫不犹豫地前去应聘。

虽然他没有机会骑在马背上，但施瓦伯却从各个地方搜集所有和马有关的资料，了解马的习性，并努力学习怎样做一个有经验的饲养员。施瓦伯要将这6匹马喂得结结实实，要让任何人都羡慕不已。

施瓦伯每周的薪水只有2美元，但这并不妨碍他的工作热情，他甚至放弃休息时间来照看那几匹让人赏心悦目的马，对他来说，似乎没有与马儿待在一起更让他感到愉快的事情了。

查尔斯·施瓦伯还有一个习惯，就是一边干着手里的活儿，一边大声哼唱着一支家乡民歌。这是一首欢快的民歌，歌词也很幽默，是爷爷教给他的。爷爷说，唱着这首歌，你就会很快乐，快乐的人是有福的。施瓦伯觉得，就像爷爷说的那样，每次唱着这首歌，他就会感到轻松喜悦，尤其是在他疲倦的时候，这首歌让他又重新恢复了力气——他虽然不是做着什么惊天动地的事情，但他却非常快乐，就像爷爷那样。

施瓦伯每天都在马厩里引吭高歌，他的歌声传到了一个成年人的耳朵里，恰巧这个人也喜欢这首歌。他经常站在不远的回廊上，倾听施瓦伯的歌声。听了一阵子，他觉得还不够过瘾，就让人叫来那个唱歌的孩子，让他站在自己面前唱这支歌，他的确很喜欢这首歌，也喜欢施瓦伯唱歌的声音。

施瓦伯站在这个陌生人面前，一点也不拘谨，他依旧自由自在，快乐地唱着那首民歌，丝毫不在意他面前那个陌生人不停打量自己的目光。施瓦伯看到眼前的陌生人一直满脸笑容，看来他的歌声让他感到了愉快。

施瓦伯后来才知道，这个他还不认识的人就是自己的老板，钢铁大王卡耐基。

卡耐基喜欢这个孩子唱歌的声音和样子，慢慢地，他发现自己更喜欢这个孩子的性格。一种难得的快乐性格，只要他一见到那个孩子，或是远远听到那孩子的歌声，他就能受到感染，也跟着快乐起来。是的，他喜欢查尔斯·施瓦伯，他喜欢他那种乐滋滋的劲头。

因而，当卡耐基有什么小事要办时，他就会吩咐施瓦伯去办理。而施瓦伯也总会以他一贯的高兴劲儿，将这件事情做得尽善尽美。

后来，正是这个唱歌的小孩，当上了伯利恒钢铁公司的总经理。

简单来看，查尔斯·施瓦伯可以说是一个非常幸运的人，仅仅因为会唱一首民谣，就得到了钢铁大王的重用，这是他当初不能预料的事情。有很多事例证明，许多杰出人物的人生，往往是因为偶然事件而促成的。但每个人每天都会遇到各种各样的偶然之事，是否每个人都能有能力把握自己的人生呢？

施瓦伯经常会记得自己爷爷说过的那句话：快乐的人有福——还有那首能够带给他快乐的民谣。这个简单朴素的道理，可能很多人都懂得，但是否每个人能使自己获得像那个看马的孩子一样的快乐——即使是在清理动物的用具时也能那样开心地引吭高歌呢。

施瓦伯有能力使自己从一个穷孩子的忧愁中摆脱出来，具有了和困难较量的智慧——快乐。因为无论你是忧愁还是高兴，你总要度过属于你的每一天，那么为什么不能选择快乐呢？

快乐又永远是一种积极的力量，它不仅能带你走出生活的阴影，也能感染别人。施瓦伯用快乐的工作态度感染了钢铁大王，使他的老板不仅从他的歌声中感受到他工作的乐趣，也从他积极的态度中看到了一个努力工作的员工形象。这是最有说服力的推荐，比一个人费力地自我鼓吹和虚张声势的自我表现更为生动，也更感人。

事实证明卡耐基是一个非常有眼力的观察家：施瓦伯不仅能将马厩的工作做好，总经理的工作他也做得非常出色。就像在许多年前在马厩里清洗马具时那样，查尔斯·施瓦伯一直都很快乐，也一直没有忘记那首能给他带来快乐的民谣，没有人比他更懂得快乐的含义了——快乐的人有福！

养成快乐的习惯，你就变成一个主人而不再是奴隶。正如R.L.史蒂文森所说过的："快乐的习惯使一个人不受——至少在很大程度上不受——外在条件的支配。"

史密斯索尼安学院的艾尔默·盖茨教授是美国最有名的发明家和公认的天才。他每天练习"唤醒愉悦观念和记忆"，认为这样做有助于自己的工作。他说，如果一个人想改善自己，让他保留住那些偶然出现的宽容和助人为乐的美好情感，像练习哑铃一样有规律地进行练习。让他逐渐增加这种心理运动的时间，一个月之后，他就会发现内心里产生了惊人的变化，他的行动和思想也会体现出这种变化。

人们之所以会制造自己的不幸，多半是由于自己心中存有习惯性的不幸想法所致。不幸的想法往往会把一切怨恨、颓丧或憎恶的情绪深深地刻画在自己的心底，于是感觉不幸变得愈加沉重。而当喜讯降临时，他们会说："这样快乐是不对的。"因为他们已经习惯往日的忧郁与悲伤，反而不习惯幸福与快乐的心情。他们依然沉湎在以前那些沮丧、悲伤及不愉快的心境中。

墨菲博士指出："如果你希望幸福快乐，重点在于你必须真诚地渴望幸福快乐。"

有一名农夫似乎时时刻刻都在唱歌、吹口哨，并且充满幽默感。有人问他，你的快乐秘诀究竟是什么，他的回答是这样的："快快乐乐，这是我的习惯。"

我们敢说，这位农夫同大多数人并没有太大的不同，只是他把快乐当成了一种习惯，而感觉不到幸福之人的习惯却是无休无止地抱怨。

因此，如果你想获得幸福，首先要养成幸福的习惯。在内心微笑，并使这种感觉成为你的一部分。同时为自己创造一个幸福世界，盼望着每一天的到来。即使有时乌云会遮住阳光，那也是暂时性的，不久后仍然会晴空万里。

当问题来临时，与其坐在那儿冥思苦想，怨天怨地，不如焕发精神一面吹着口哨，一面寻求解决问题的方法。

养成快乐的习惯，还要学会开怀大笑。有太多的人已经忘掉如何开怀大笑，有时甚至忘了以前是否这样笑过。

开怀大笑能给人以轻松自在的感觉。真正的开怀大笑，能洗涤你心中的杂念。它是你的成功本能的一部分，能够使你迅速接近生活中的胜利。如果你从 10 岁起就不曾笑过，那么，赶快回到你脑海中的学校，重新学习你永远不应该忘记的某件事情。

当你对某件失败的事情感到沮丧生气时，不妨想想过去的成就，以及发生在别人身上的一些有趣的事，然后哈哈大笑，把你的全部感情投入笑声中，或许你会觉得好过些。

第七章

把心放宽，荣辱成败面前不生气

在自然界，正是因为天空宽容了雷电风暴的一时肆虐，才有风和日丽的景象；辽阔无际的大海容纳了惊涛骇浪的一时猖獗，我们才欣赏到了海洋的浩渺无边。宽容是一种大度，它大到可以容纳万物。心宽是通向幸福的大门，心狭则是惹祸的根源。一个心胸坦荡的人，能够让矛盾消解于无形，避免许多无所谓的冲突和不良的后果。

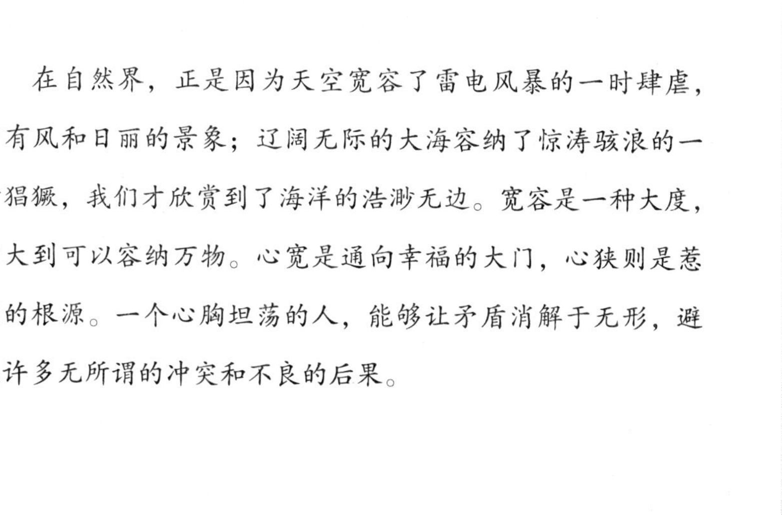

脾气走了，福气来了

生活中，很多人只要遇到不顺心的事情，脾气便会骤然变大，声嘶力竭非要和人吵个“你死我活”，其实这个时候，人就陷入了生气的漩涡当中。

法国伟大的人道主义作家雨果曾经这样比喻人宽广的胸怀，他说：“世界上最广阔的是海洋，比海洋更广阔的是天空，比天空更广阔的是人的胸怀。”

假如我们一直深陷生气之中无法自拔，生命就会无限悲伤，而如果能放弃自己的脾气，以宽容取而代之，那便会收获另一种生活。就像下面的杨居士和张居士，两个人只要稍稍改变一下态度，放下心中的嗔念，不但平息了自己的怒气，还能收获好的心情。

天刚亮，杨居士便抱着一束鲜花和一盘供果，赶到了大佛寺想参加寺院的早课。没想到他刚踏进大殿，张居士便从左侧撞了过来，供果和鲜花全部掉在地上。杨居士立即被气得火冒三丈，忍不住冲着张居士嚷道：“你看！我的水果和鲜花全部被你碰掉了，你无论如何都要给我一个交代。”

张居士看杨居士如此不友好，也不满地说：“不就是把你的花撞翻了，我跟你道个歉不就行了？你干吗那么凶？”

杨居士见张居士如此态度更是生气：“你这是什么态度？自己做错了事情，不道歉也就罢了，居然还要怪别人！”接着，事情愈演愈烈，互相咒骂、指责的声音更是此起彼落。

广圄禅师正好经过，看到两个人在这里吵得厉害，就走过去想劝解一下。他问清楚了两个人吵架的原因，然后对他们说道：“走路时莽莽撞撞的习惯确实不好，一不小心就会撞到别人，但是如果被撞的人一直抓住别人的错误不肯原谅，也不肯接受别人的道歉，那也是不对的。你们现在这样吵下去，用不了多久就要动起手来，最后两败俱伤，除了给药铺带来些生意以外，没有任何的好处，还令你们结下梁子，实在是大大的不值得。你们反过来想一下，假如两个人都能退一步，坦诚地承认自己的过失，并且接受对方的道歉，这样你们不就吵不起来了吗？或许两个人还能因此成为朋友呢！”

广圄禅师看着默不作声的两人继续说道：“我们的生活中需要协调的事情太多了，如果每件事情我们都要争个你对我错，那岂不是有太多的烦恼困扰我们了？你看，我们为了这么一点小事，就破坏了整天的好心情，值得吗？”

两个人听完了广圄禅师的话，心里一阵愧疚。张居士看着禅师说道：“禅师！今天的事情是我的错，刚才实在太冒失了！”说完就转向了杨居士，真诚地道歉说：“杨兄，都是我的错，请接受我的道歉吧！”杨居士见张居士如此诚恳，也由衷地说道：“我今天也有不对的地方，不该为了这么一点小事就发脾气。”

广圄禅师看着两人改变了态度，也非常开心。

所以，改一改自己的坏脾气，不要因为一点小事情就影响了我们一天的好心情。要知道，争强好斗最终的结果只能导致两败俱伤，但是心胸宽广一些，却能造就你和他人的安宁与温馨。

宽容，显示的是博大的胸怀，一种不拘小节的人生态度，更是一种生活的方式。它代表了一种幸福。你不计较别人的错误，不但给了别人机会，同时也展示了你的涵养，得到了他人的信任和尊敬。

我们都在茫茫人海中穿梭，难免会遇到小小的挫折，不要惊慌，更不要责怪别人，一个淡淡的微笑和一句诚挚的道歉，便能化解一场风波。要知道宽容了别人，就等于善待了自己。这样的生活才能使自己感觉到轻松、快乐，才能收获真正的幸福。

从前有一个富商，他经过多年的打拼，积累了大量的财富，可是他年事已高，想在三个儿子中选出一个接班人，继承自己的产业。为了考验他们三个，富翁想出了一个办法。

他让三个儿子花一年的时间去不同的地方游历，回来之后再将一路的事情进行评比，谁做的事情最高尚，谁就能成为最终的继承。

光阴似箭，一年很快过去了，三个儿子陆续回来报告他们一年的游历状况。

大儿子得意地告诉父亲，他在游历时，曾经遇到过一个陌生人。他取得了陌生人的信任，居然将一袋金币交给了大儿子保管，可是时间不长，那个陌生人居然意外去世，但大儿子并没有将那袋金币据为己有，而是不远万里找到他的家人，原封不动地还了回去。父亲听完大儿子的回答，满意地点点头。

二儿子见父亲对大哥很满意，赶快着急地汇报自己一年的游历经过。他自信地告诉父亲，有一天他走进了一个贫穷落后的村落，正巧碰到一个可怜的小乞丐掉到了河里，几乎没有人愿意去救那名乞丐。但他丝毫没有犹豫，立即跳到了河里，将小乞丐救了上来。为了让他能够更快地恢复，临走之前，还给他留下了一笔钱。

三儿子见大哥和二哥都做了那么多的善事，生怕自己的父亲对自己不满意，因此犹豫着迟迟不肯说出自己一年的经历。父亲忍不住问他，他只得支支吾吾地告诉父亲，他一路上并没有遇到这么大的事情。只是在旅行的时候遇到了一个坏人，因为想得到他的钱，所以千方百计地害他，甚至差点就要死在坏人的手里了。可是有一天他在经过一个悬崖时，看到那个坏人正好在靠近悬崖边的一棵树下睡得正香，假如当时他抓住机会，只需要抬抬脚的工夫就能将坏人踢到悬崖下，但他并没有这么做。后来他觉得坏人睡在这里很危险，一不小心就会摔到悬崖的下面。因此临走之前就把他叫醒了，然后又继续赶路。

小儿子讲完了自己的经历，立即遭到了两位哥哥的嘲笑，因为在他们看来，这实在不算是什么高尚的事情。而父亲看着三个人的表现，笑着说道："财产的继承人是老三。"两个哥哥听完父亲的话都傻了眼，父亲继续说道："事实上，诚实和见义勇为本来就是一个人应有的品质，但是宽容却不同，他体现的是一个人的胸襟，这并不是人人都具备的素质。你们的弟弟有机会报仇却选择了放弃，反而真诚地帮助仇人脱离危险，这样的宽容之心才是最高尚的。所以，我决定把全部的财产留给老三。"

富翁的选择是明智的。三儿子能够以一颗博大的胸怀包容别人，必然在今后的生活中能够得到更多的快乐。这就跟我们的人生一样，假如当你遇到一点挫折，就开始愤恨不平，开始喋喋不休，甚至大发雷霆，自暴自弃，那么你的生活将会永远充满阴霾；相反你以一颗包容的心去看待周围的人或事，你就会感觉到困境之后的希望，得到更多的快乐。所以，对于我们每一个人来说，控制自己的坏脾气，就有可能迎来生命中的大福气。

看淡名利得失，轻松快乐地享受生活

淡泊，是指恬淡寡欲之心，特别是指淡泊名利，不困于名利。诸葛亮曾经这样说过："非淡泊无以明志，非宁静无以致远"，这句话的意思就是说人不追求名利，生活简单朴素才可明确自己的志向；人不追求热闹，心境安宁清静，才可以实现远大目标。淡泊是一种人生境界，淡泊者可因心宽而让天地变得开阔。

《圣经》上曾经说过这样一句话："你出自尘土，必归于尘土。"既然一切皆空，如此，我们每个人来到这个世上，不如做自己的主人，而且要做一回大度的主人，无须因计较得失而毁灭了美丽的人生。做一回大度的主人，就是成为生活的主人，而只有淡泊之人才能独立地生活，不困于名利，不束于俗世，不为琐事而烦心，尽情地享受人生的乐趣。

哲人用这样一个故事解释了生活中权力、财富、欲望、心灵之间的关联：有一位国王，他有4个妻子，他特别喜欢他的第四个妻子，给她穿最好的衣服，吃最好的食物；他也很爱他的第三个妻子，常常带着她访问邻国、周游世界；他同样爱他的第二个妻子，把她看作知己，什么想法都会向第二个妻子倾诉；而对于第一个妻子，他却经常视而不见，尽管第一个妻子对他最为忠诚，帮助他守住了财富和王位。国王经常为自己拥有的4个妻子而倍感骄傲，当他越来越老了，躺在病榻上的时候，忽然想起来，自言自语道。我有4位妻子，但是哪一个肯愿意陪我奔赴黄泉路呢？所以，他便问道："我亲爱的妻子们，你们能陪我一起死吗？"

第四个妻子回答说："这简直是无稽之谈！"而后头也不回地走了；第三个妻子说："这怎么可能呢，你死了我是要改嫁的。"第二个妻子说："亲爱的，这件事我没有办法帮你，我唯一能做的就是帮你下葬。"这时，一个声音传来："我愿意陪着你去，你去哪我都愿意陪着你。"国王的第一个妻子哭着扑到他的床前，紧紧握住国王的手。国王见到自己的第一个妻子因为经常被自己忽视，她现在已经骨瘦如柴、憔悴不堪，不禁在感动中流下了悔恨的眼泪。

哲人说："生活中每一个人都是自己的国王，都拥有着4位妻子：第四位妻子是我们的身体，无论我们花费多少时间与精力去维护，她最终会随着我们的死亡而消失；第三位妻子是我们的财富、权力、地位，无论我们为之付出多少，生时她是我们的负累，死后她是别人的囊中之物；第二位妻子是我们无穷的欲望、贪念，她的存在只会成为我们心灵的负累，在我们离开人世时她不能给予我们任何东西；第一位妻子是我们的心灵，唯有她才是我们灵魂的皈依。而一味追求前三者，则会使心灵荒芜，使生活失去本真的情趣。"

一个人在一生之中，对于名利与心灵的权衡是不可规避的，我们作为主宰自己生活的国王，如果我们一心追求功名利禄，患得患失，满腹欲望，便会使心灵于重荷之中"骨瘦如柴"；一个心灵枯瘦之人，又如何开拓真正的精彩人生呢？唯有淡泊之人才能抛却贪欲与杂念，丰腴心灵，享受人生。

做一个生活的淡泊者，就要保持宠辱不惊的心态，坦然面对人生的得与失。

一个年轻人与一个老者一同在河边钓鱼，两人垂钓了许久，却一无所获。垂头丧气的年轻人看着老者仍然怡然自得，禁不住问道：“您没有钓到鱼，为什么还如此快乐呢？”老者回答说：“因为你是在钓鱼，而我是在垂钓。你一心只为让鱼上钩，获取利益；而我是在享受垂钓的情趣，鱼来我也不喜，鱼去我也不忧，我心如止水，何来烦恼？”

孔子说：“一箪食，一瓢饮，在陋巷，人不堪其忧，回也不改其乐。贤哉，回也。”人生于世，得失无可避免，唯有像颜回一样淡然处之，才可“不以物喜，不以己悲”。做一个生活的淡泊者，就要杜绝贪欲，使自己远离名利场的纷争。

两个迷途于沙漠之中的货商，一个商人为了减轻骆驼的负重，便于逃生，便丢掉了两只骆驼身上的货物，自己轮换着骑坐两只骆驼，最终走出了沙漠；另一个商人，不肯丢掉财富，还将第一个商人丢掉的货物都放到了自己骆驼的背上，致使两只骆驼累死于沙漠之中，自己也在茫茫沙漠中葬身。

名利本身就是一副枷锁，贪欲会让自己身陷囹固，只有摆脱这束缚，才能“采菊东篱下，悠然见南山”。

成为一个生活的淡泊者，就要以豁达的心境容忍生活，不纠缠于是非恩怨。

唐朝高僧慧宗禅师很喜欢兰花，他和小和尚们在寺院中精心养了很多兰花。有一天，暴雨袭来前，小和尚们都忘了要给院中的兰花避雨，暴雨过后，看到兰花全部凋零于泥淖之中，小和尚们都等着慧宗回来惩罚自己。没想到慧宗却说：“我养兰花是为了自己的兴趣和快乐，不是为了生气和苛责别人。假如你们可以摆脱俗世的是非恩怨，你们便可提升到一个新的境界了。”

在日常生活中，只有豁达才能“海纳百川”，只有不纠结于是非恩怨，才能感受更多美好。

成为一个生活的淡泊者，与世无争不是意味着于消极处世，而是要我们在生活中摆脱种种思想的包袱、灵魂的负担，轻松快乐地安享生活，以自我本色去展现自己的精彩人生。

多一分宽容少一分纷争

生活中会有大大小小的摩擦和误会，可是如果非常在意这些小事，这些仇恨就会逐渐地放大，很可能会燃烧自己。在自然界，正是因为天空容忍了雷电风暴的一时肆虐，才有风和日丽的景象；辽阔无际的大海容纳了惊涛骇浪的一时猖獗，我们才欣赏到了海洋的浩渺无边。

宽容是一种大度，它大到可以容纳万物。心宽是通向幸福的大门，心狭则是惹祸的根源。一个心胸坦荡的人，能够让矛盾消解于无形，避免许多无所谓的冲突和不良的后果。

有一个人多年来一直生活在愤怒、仇恨、沮丧和痛苦之中，而导致他如此痛苦不堪的原因却只是一件小事。

他和他的同学是无话不谈的铁哥儿们，他们一起大学毕业，一起去一家公司试用。一次工作中他们一起拜访了一位大客户，双方已经有了合作的意向，只等第二天签合同。他和他的同学非常兴奋，在宿舍里喝酒庆祝。结果他喝得酩酊大醉，一直睡到第二天清晨。醒来后，却发现同学已经不见了。等他去了公司才得知，他的同学竟趁他烂醉如泥的时候，提前签成那单生意。当然，所有的功劳都成了同学一个人的。

他去找他的同学算账。对方辩解说，喝完酒，心里不踏实，所以打算连夜将那个合同搞定。想和他一起去，可是叫了他半个小时，也没能把他叫醒。他当然不信，可是有什么用呢？因为那单大生意，他的同学升了职，并一直做到部门经理，而他在很长一段时间里，一直是公司的一个小业务员。

他接受了事实，继续埋头苦干，一年后也升了职。可他就是不能原谅那个同学。他和同学彻底绝交，拒绝出席一切有那个同学在场的活动。他说只要看到同学那张脸，他就愤怒到极点，恨不得将那张脸砸扁。

他说他什么都可以宽容，但就是不能够宽容卑鄙，他谁都可以原谅，就是不能够原谅这个同学。

后来，那个同学多次找到他，跟他道歉，可是他对同学的道歉总是置之不理。其实他自己也并不快乐，尽管他也升到了部门经理的职位。可是同在一个公司，就算再小心翼翼，也难免会见面。每到这时，他就会把头扭向一边，脸色铁青，哪怕一秒钟前他还在捧腹大笑。

他也觉得自己很难受，本来，犯错的是那个同学，要受到心灵惩罚的，也应该是那位同学。怎么到最后，难受的人竟成了他自己，并且一直持续了好几年。

他并不知道，他之所以难受，是因为他怀着太多的恨。如果一个人对另一个人有了仇恨，那么，他就会不快乐。多年来，他对同学的仇恨在心中被无限放大，并最终变得根深蒂固。心中被仇恨占满了，快乐放在哪里呢？原谅同学曾经的过错，其实对于他自己也是一种解脱。

后来，这个人最终还是试着跟那个同学交流了一下。结果，多年的积怨一扫而光，他们再次成了朋友。因为，不必再刻意回避那个同学，所以他的事业也更加顺利，并再次升了职。

原谅了他人，多一分宽容少一分纷争，就等于解脱了自己。为什么不呢？其实仔细想想，我们为使别人痛苦，而自己的痛苦仍然存在，那又有什么快乐，有什么满足呢？要减低伤痛，除了忘记，便是宽恕，再没有更好的办法了。

在生活中，如果缺少了宽容，人与人之间的关系就会变得很紧张。一个人生活在这个世界上，不可能永远独居，不与任何人往来。既然选择了与众人打交道，那就不可能让整个世界都顺从一个人的意思。此时，宽容就变得异常重要，它不仅能起到化解现实矛盾的作用，最重要的是能够让人的心灵通透。

宽容大度，能使伤害你的人感到无地自容，激起他灵魂的真正震撼，同时，又中止了你敬我回的恶性循环。更为难得的是宽容大度还带来了心理上的平静，能为你赢得宝贵的时间，把精力投入到事业中去。

唐朝武则天当政时，有一位宰相叫狄仁杰。他不畏权势，举贤任能，为后世所称道。然而狄仁杰何以位居宰相、治国安邦？这还要从娄师德荐相说起。

娄师德生平与人无争，遇事则让。他的弟弟出任州官，娄师德嘱咐他遇事多忍让。弟弟问：“如果遇人唾面，我不去与人争执，自己去擦干，这总算是忍耐了吧？”娄师德竟说：“如果把口水擦干，虽然并没有表示抗议和不满，但还是违背了人家的意愿。别人之所以吐口水，就是想侮辱你。别人没有达到目的，自然不会罢休。因此你最好的办法，就是让唾沫自己干掉，没有人时再把它洗去。”这就是“唾面自干”这个成语的出处。当时人们闻听此话，都佩服娄师德的气量。

更加可贵的是他的荐才之德。娄师德深知狄仁杰文武兼备，是国家难得的栋梁之材。他在任丰州都督时就曾向武则天力荐狄仁杰。虽然狄仁杰过去曾蒙冤入狱，但武则天还是听取了娄师德的荐言，提拔狄仁杰为相。

但娄师德并没有让狄仁杰知道是自己引荐的。一天，武则天与狄仁杰商议朝政时，称赞娄师德知人善举。狄仁杰心中诧异，不由说道：“臣尝与他同僚，未尝闻他知人善举。”

武则天笑着告诉他：“朕得用卿，实由娄师德荐卿，难道不知乎？”

狄仁杰如梦初醒，相比之下，羞愧不已。他对别人说：“娄公品德高尚，我为所容，今日方知，未免愧对娄公。”

娄师德荐才的美德和宽容的心胸让狄仁杰感佩不已，他竭力效仿，先后举荐了张柬之、姚元崇、史敬晖等人，才足称职，皆为名臣。当时人们都盛赞狄仁杰这种效法娄师德为国遴贤的高风亮节，故而有言：“天下桃李，尽在公门”。

娄师德因胸怀天下之志，故而能不计个人前嫌。这是一种眼光和度量，是雄才大略的表现。从另外一个角度来讲，选择宽容可以让自己的内心更加的平静和澄澈。

一个人的心中计较得越多，他的心门关得越窄。所谓空杯为怀，排除了心中所有的小气，心胸的空间便会越来越大。宽容作为理想人格的重要标准，被历代圣贤大加倡导。越是睿智的人，越能够胸怀宽广、大度宽容。因为他能够洞悉世事、明晰人情，能够想得开、放得下。

没有人天生就喜欢仇恨别人，也没有人愿意为自己树立很多敌人，正所谓相逢一笑泯恩仇，大家都互相宽容一点，再难的问题也能解决，再多的不愉快也都会烟消云散。

将心比心，宽以待人

无论是在工作或生活中，我们每天都要和外界打交道，稍不留神可能就会出现过失。比如，无意中的一句话可能就会刺伤对方，或者本来想办一件好事结果把事情办砸了，这个时候我们最需要的是希望得到对方的谅解。怎么才能够化解掉矛盾和误会呢？最好的方式，就是在心与心之间架一座桥。

不过每个人对待自己的过错，往往不如看他人的那样严重，主要原因是我们常把注意力集中在他人的过错上。例如我们发现了他人说谎，我们将会严厉地谴责对方的不诚实，狠批其错误根源。可是谁又敢于保证自己从没说过一次谎？在这种时候，我们为什么就不能宽容地对待别人呢？

包布·胡佛是一位著名的试飞员，并且常常在航空展览中表演飞行。一天，他在圣地亚哥航空展览中表演完毕后飞回洛杉矶。正如《飞行》杂志所描写的，在空中300米的高度，飞机引擎突然熄火。由于他熟练的技术，他操纵了飞机着陆，但是飞机已经严重损坏，所幸的是没有造成人员受伤。

在迫降之后，胡佛的第一个行动是检查飞机的燃料。正如他所预料的，他所驾驶的是第二次世界大战时的螺旋桨飞机，居然装的是喷气机燃料而不是汽油。

回到机场以后，他要求见见为他保养飞机的机械师，那位年轻的机械师为所犯的错误也极为难过。当胡佛走向他的时候，他正泪流满面。他造成了一架非常昂贵的飞机的损失，差一点还使得3个人失去了生命。

你可以想像胡佛必然大为震怒，并且预料这位极有荣誉心、事事要求精确的飞行员必然会痛责机械师的疏忽。但是，胡佛并没有责骂那位机械师，甚至于没有批评他。相反的，他用手臂抱住那个机械师的肩膀，对他说："为了显示我相信你不会再犯错误，我要你明天再为我保养飞机。"

做一个能理解、容纳他人的优点和缺点的人，才会受到他人的欢迎。相反，那些只知道对人吹毛求疵，又没完没了地批评说教的人，怎么会拥有亲密的朋友呢？人们对他只有敬而远之！

人们往往把大海比作宽广的胸怀，因为大海能广纳百川，也不拒暴雨和巨浪；也有人把忍耐性比做弹簧，弹簧具有能伸能屈的韧性。有人说过这样一句话："若想在困难时得到援助，就应在平时宽以待人。"就是说，应包容接纳、团结更多的人，在顺利的时候共同奋斗，在困难的时候患难与共，进而为自己增加成功的能量，创造更多的成功机会。反之，如果一个人包容度低，则会使大家疏远他，在其成功的道路上，人为地增加了阻力。

宽以待人，要将心比心，推己及人。推己及人，是以自己为标尺，衡量自己的行为举止能否为人所接受，其依据是人同此心，心同此理，将心比心，设身处地。还可以用角色互换的方法，假设自己站在对方的位置上，想一想对方会有什么反应、感觉，从而理解他人，体谅他人，懂得了这点，当别人理短时就会大度地宽容他人，他人才会在自己理短时容让你，以此建立相互宽容的人脉关系网。

宽容意味着理解和通融，能表现出一个人的宽宏大量、光明磊落。它不但是一种交际技巧更是一种美德。但做到宽容并不是件容易的事。一方面的原因是认为做错了事要受到报应才算公平。因此，“以牙还牙”者屡见不鲜，反而“以德报怨”者屈指可数。另外，因为受一些偏见的影响，如宽容意味着屈服了，低头了，是软弱的表现等等。

北宋时有个叫富弼的人，有一次有人告诉他：“某某骂你。”富弼说：“恐怕是骂别人吧。”此人惊讶道：“叫着你名字骂的，怎么是骂别人呢？”富弼说：“恐怕是骂与我同名字的人。”那位骂他的人听说后，自己惭愧得不得了。明明被人骂却认为与自己毫无关系，并使对手自动“投降”，这可说是“形圆”之极致了。富弼后来能够成为一人之下、万人之上的宰相，恐怕与他这种高超的“形圆”处世艺术很有关系。但富弼又绝不是那种是非不分，明哲保身的人，他出使契丹，不畏威逼，拒绝割地的要求。在任枢密副使时，与范仲淹等大臣极力主张改革朝政，因此遭谤，一度被摘去了“乌纱帽”。

在现实生活中，每个人都会面临许多人际间的矛盾，如何处理是一种技巧和大学问。

而富弼为我们树立了一个很好的榜样，就是做人既要外形“圆活”，心胸豁达，与人为善；又要内心“方正”，坚持原则，维护自己的独立人格。

“宽容是为了修复彼此的关系，并不代表软弱”、“宽容的目的不是要分清胜负，而是弄清问题的原因，然后努力解决它”、“宽容不需要奴颜婢膝，目的不是去讨好对方，而是进行沟通”。“大度能容天下难容之事”，有了这份胸襟，相信没有什么人际矛盾不能化解。

糊涂一点更可爱，做人不必太较真

我们的生活中充满了各种矛盾和烦恼，如果你对每一件事情都斤斤计较的话，那你的生命无疑是一种累赘，而且你的一生都会充斥着悲剧色彩。所以放大自己的心胸，不要把每件事情都装到自己的心里。人生难得糊涂，或许活得糊涂一些，那么你的人生也会更快乐一点。

这个道理确实有很多人不明白，不只是你，就连成功学大师卡耐基也是在生活不断地历练中了解了这些深刻道理。

美国著名的成功学大师戴尔·卡耐基在多年的训练中，已经成为一位处理人际关系的老手。事实上，他在成长的过程中也曾犯过小错误。

多年前的一天晚上，卡耐基和自己的朋友弗兰克一同被邀请去参加一个宴会。在宴席当中，坐在他右边的一位先生为了调节气氛就讲了一段幽默故事，最后他引用了一句经典的名言作为了故事的总结，意思就是“谋事在人，成事在天”。那位先生提到这句话的时候说道，这句话可是出自《圣经》。卡耐基听完他的话，根据自己的记忆发现，《圣经》里并没有这句话，这句话应该是莎士比亚著作中的。

卡耐基本着一种认真的态度，小心地对这位朋友进行纠正。但那位先生不但没有领情，反而立刻反唇相讥：“什么？怎么会出自莎士比亚？这是绝对不可能的事情，一定是你记错了。”那位先生感觉这么有名的一句话被人当众指出错误，一时下不来台，不禁对卡耐基的做法有些恼怒。但当时的卡耐基对于人性的这种虚荣心还并不理解。于是他就对坐在自己旁边的弗兰克进行求证。要知道，弗兰克可是专门研究莎士比亚作品的，因此他是最具有发言权的人。

没想到，朋友居然在桌子下面踢了卡耐基一脚，而且还大声地说："戴尔，你错了，我也记得这这句话是出自《圣经》。"

当天晚上，卡耐基和朋友走在回家的路上，卡耐基有点生气地对弗兰克说："弗兰克，难道你不记得那句话出自莎士比亚吗？""是的，我当然记得。"弗兰克回答说，"而且我清楚地记得在《哈姆雷特》的第五幕的第二场。但是亲爱的戴尔，我们只是这个宴会上的客人，你为什么非要去证明他错了呢？那样你不但会让他反感，而且还会让宴会的主人感到尴尬。再说人家又没有征求你的意见，我们为什么不能学得圆滑一些呢？他的错误又不会给你或者大家造成任何损失，为什么非要说出实话惹得大家都不高兴呢？如果你还是想给他指出错误，那么你可以找个机会单独跟他说，这样既保留了他的脸面，也不至于让大家都尴尬，不是吗？"卡耐基想了想弗兰克的话，懂得了朋友这番话的真正含义。

对于那些无关紧要的小错误，不要总是抓住不放，尤其是别人的小错误。学会顾全大局，这样我们不但能给自己带来更多的快乐，也能避免给别人带来不必要的伤害。这样做，并非只是让你学会明哲保身，更是你处世的度量的一种体现。

古时候，长州一带有个姓尤的大商人，人称尤翁。尤翁开了一家大典当铺。春节前的一个黄昏，尤翁听到店中有人吵闹，上前一看，原来是伙计与邻居在吵架。伙计说："他前天将衣服押了钱，今天空手来取，不给他还破口大骂，太不讲理了！"但那位邻居却丝毫也不觉得理亏，仍然气势汹汹，不肯相让。

尤翁走上前去，对邻居说："我明白你的意思，不过是为了度年关嘛！这点小事，也值得吵架吗？"说完让伙计找出典物，共有衣物四五件。尤翁指着其中的棉袄说："这件衣服抗寒不能少，你拿走吧。"又指着一件道袍说："这件给你拜年用，其他东西暂时不用，可以先放在这儿。"那人拿起两件衣服，二话没说立刻离去。当天夜里，他竟死在了另外一家当铺中！他的亲属同那家当铺打了一年多的官司，直到得了一笔赔偿方才罢休。

原来那个邻居因为负债太多，无力偿还，想借一死为后代敲诈一笔钱，到尤翁家吵架时早已服了毒，但尤翁对他仁至义尽，他不忍加害，就转移到另一家，那家老板可没尤翁这么大度，当场就跟他吵了起来，结果吃了官司。

伙计问尤翁，您是怎么事先预知的？尤翁回答："凡是无理挑衅的人，一定有所依仗。如果在小事上不能忍耐，那么灾祸就会立刻到来。"

这个故事告诉我们这样一个道理：世事原本复杂、浑浊，我们也应该学会用浊眼看待生活。许多事情，该装糊涂时就别让自己太清醒；许多时候，不糊涂也要让自己装装糊涂。因为太清醒了，就很难保持平常心，就容易偏激，不仅无法达成自己的目标，反而会招来无妄之灾。

糊涂的快乐并不仅仅表现在对别人的宽容上，当自己面临挫折于困境时，不要执着地抓在手里，沉浸在悲伤中而无法自拔。印度诗人泰戈尔就曾经说过："假如你因为错过太阳而哭泣，那么你也将错过星星。"所以，当不幸降临到我们身上时，我们应该乐观地面对一切，让自己假装糊涂一点，这样不幸便能很快过去，生活就能充满阳光。

有师徒二人东游，来到一个地方感觉腹中饥饿，师傅就对徒弟说："前门一家饭馆，你去讨点饭来。"徒弟于是来到了饭馆，说明来意。那饭馆的主人说："想要饭吃可以，但是我有个要求。"徒弟问道："什么要求？"主人回答："我写一字，你若认识，我就请你们师徒吃饭，若不认识乱棍打出。"

徒弟笑道："主人家，我跟从师傅多年，不要说一个字，就是一篇文章也没问题。"主人也笑道："先别夸口，认完再说。"说完拿笔写了一个"真"字。徒弟看后哈哈大笑："主人家，你也太看我无才了，这个字我五岁就认得。"主人笑问："这是什么字？"徒弟回答说："这是认真的．真．字！"店主冷笑一声："哼，无知之徒竟敢冒充大师门生，来人，乱棍打出。"

徒弟就这样被赶出来，见到师傅，说了经过。大师微微一笑："看来他是要为师前去不可。"说罢来到店前，讲明来意。那店主同样写下"真"字。大师答曰："此字念．直八．。"那店主笑道："果然是大师来到，请！"就这样吃完喝完不出一分钱就走了。徒弟不懂，问："大师，您不是教我们那字念．真．吗？什么时候变成．直八．了？"大师微微一笑："有时候的事是认不得．真．啊。"

凡事不必太认真，如果太较真，由于人是相互作用的，你表现出一分敌意，他有可能还以二分，然后你则递增为三分，他又会还回来六分……冤冤相报何时了？倒不如一笑置之，淡然处之，走的是脚下的路，管他别人怎么说呢！

所以说，糊涂一点更可爱。糊涂并不是让你真的放弃人生，就生活在一种混沌的状态。它是指一种人生态度，要想不生气，应该在生活中要学会自我调节，不要事事都抓住不放，更不要庸人自扰。

豁达地接受一切

西方有一句谚语：同是一件事，想开了是天堂，想不开是地狱。

很多人苦恼、郁闷，无法拥有良好的情绪，根本的原因是自己做不到豁达。比如，有的人因为失去一些曾经拥有的东西而无比心痛，有的因为过去的某个过错而一直深深内疚，无法轻易原谅自己。

但是，空间不能逆转，时间无法倒流，你为了过去如何后悔和烦恼，都无法改变曾经发生的事，只是浪费你的精力和时间。须知，当你为失去太阳而难过不已时，你也将会失去夜空的点点繁星。

一个人外出办事，不小心将自己的伞丢了，他心急如焚，懊恼不已，他不停地责怪自己，他想，都是自己的粗心才造成了这样的结果，自己真是做什么都做不好，真没用。他还时不时地想雨伞到底被自己放在哪儿了，看到街上有人提着和自己颜色相同的伞，就在想那是不是自己的伞。就这样，他不知不觉到了家，坐下之后，他忽然发现自己的钱包不见了。原来他一直惦记着丢雨伞的事情，因为仓促、惶恐和不安，连自己的钱包丢了也没有发现。

这个倒霉的人之所以一再丢东西，就在于他不够豁达。试想，如果他在丢伞之后能够豁达一点儿，不为已经失去的东西而惴惴不安，又怎么会因一时大意而再丢了钱包呢？对那些已经发生的事耿耿于怀、反复思虑，无疑是在白白浪费自己的精力和时间。

当事情发生后，或者在我们面临困顿、身处人生低潮时，惧怕、逃避、内疚都解决不了任何问题，而只会令我们越陷越深，找不到人生的方向。人生短暂，不如意之事十之八九，我们何不豁达一些，坦然接受呢？想起普希金说过的那句话“阴郁的日子须要镇定。同样，人生狭隘之处要豁达。”

豁达就是心胸开阔，性格开朗，潇洒通达。豁达可以让心灵海阔天空，豁达可以让争吵的朋友重归于好，豁达可以让多年的仇人化干戈为玉帛。虽然说豁达的胸怀是靠看不见的内涵做基础，但俗话说，境由心造，每一个人每一样事物若都能以这么博大、高尚的心境来容纳一切的话，那么你的情绪就不会肆意泛滥，你的人生才不会失控。

当然，我们这里讲的豁达并不是要人不思进取、随随便便，而是坦然接受、顺其自然，不犯怒、不躁进、不过度、不强求、不悲观、不刻板、不慌乱、不忘形。

这种豁达的人生不是玩世不恭，更不是自暴自弃，而是思想上的轻装，目光的超前。真正豁达的人能够得而不喜、失而不忧。下面的这则禅宗故事，或许能告诉你如何拥有一个豁达的心境。

三伏天，禅院的草地枯黄了一大片。“快撒点草种子吧！好难看哪！”小和尚说。“等天凉了。”师父挥挥手，“随时！”

中秋，师父买了一包草籽，叫小和尚去播种。秋风起，草籽边撒边飘。“不好了！好多种子都被吹飞了。”小和尚喊着。“没关系，吹走的多半是空的，撒下去也发不了芽儿。”师父说，“随性！”

撒完种子，跟着就飞来几只小鸟啄食。“要命了！种子都被鸟吃了！”小和尚急得直跺脚。“没关系！种子多，吃不完！”师父说，“随遇！”

半夜一阵骤雨，小和尚早晨冲进禅房：“师父！这下真完了！好多草籽被雨水冲走了！”“冲到哪儿，就在哪儿发芽儿！”师父说，“随缘！”

一个星期过去。原本光秃的地面，居然长出许多青翠的草苗。一些原来没播种的角落，也泛出了绿意。小和尚高兴得直拍手。师父点头：“随喜！”

有了这份豁达，我们才不会对生活求全责备，才不会在受挫后彷徨失意；有了这份豁达，我们才不会终日郁郁寡欢，才不会受情绪牵累。

纵览古今，大凡胸怀大志，目光高远的志士，无不大度为怀。反之，鼠腹鸡肠、片言只语也耿耿于怀的人，绝少能成就事业，反而还是一个让人讥笑的对象。

其实，做一个豁达的人并不困难，如果在生活中从以下几方面要求自己，每个人都可以成为一个豁达、洒脱的人。

1. 为人处世光明磊落

有些人与人交往时，当面一套背后一套，嘴巴一套内心一套，见人说人话，见鬼说鬼话，见风使舵，像一棵墙头草。这样的人其实都是内心阴暗的人，这样的人绝不会是一个豁达的人。只有为人处世光明磊落的人，才会做事言行一致、表里如一，才能成为一个豁达的人。

2. 目光长远，宽宏大量

如果一个人整天纠缠于鸡毛蒜皮的小事，那么他就难免变得斤斤计较、谨小慎微、患得患失，这样的人又怎能豁达得起来呢？俗话说：大肚能容，容世间难容之事。只有目光长远，宽宏大量，才能成为一个豁达的人。

3. 为人热忱，有情有义

无情未必真豪杰，有情方为大丈夫。那些冷酷无情、见利忘义、没有爱心、没有热血、漠视情义、麻木不仁的人，一定不是一个豁达的人。只有那些情重如山、义薄云天、充满爱心、满腔热情的人，才能成为一个豁达的人。

4. 宠辱不惊，淡泊名利

李白之所以是一个豁达的人，是因为他坚持“安能摧眉折腰事权贵，使我不得开心颜”。一个人能够宠辱不惊，闲看庭前花开花落；去留亦无意，远望长天云卷云舒。这样的人就是一个豁达的人。一个受宠若惊的人，一个顺则忘形逆则气馁、起则得意落则失魂的人，一个爱慕虚荣、投机钻营、奴颜婢膝的人，一个拉拉扯扯、吹吹拍拍、投人所好、看领导眼色说话办事、拿原则做交易谋取一己私利的人，一定不是一个豁达的人。

5. 有一个宽广的胸怀

一个狭隘、自私自利、小肚鸡肠、鼠目寸光、耿耿于怀的人，一定不是一个豁达的人。只有那些心胸宽广、胸怀坦荡、目光远大、不计前嫌的人，才能成为一个豁达的人。林肯总统对政敌素以宽容著称，后来终于引起一议员的不满。议员说：“你不应该试图和那些人交朋友，而应该消灭他们。”林肯微笑着回答：“让他们变成我的朋友，难道我不正是在消灭我的敌人吗？”

在生活中，一定要让自己豁达些，因为豁达的自己才不至于钻入牛角尖，也才能乐观进取。还要开朗些，因为开朗的自己才有可能把快乐带给别人，让生活中的气氛显得更加愉悦。平凡并不可悲，生活可以多彩，关键是要扮演好自己的角色，关键是要有一种豁达的胸怀。拥有了这种胸怀，你会发现天空一样高远，大地一样广阔，自己有比别人更美好的地方。豁达可以让心灵海阔天空，快乐一生。

一个宽容豁达的人，总是有着让人难以抗拒的人格魅力；而一个有着豁达胸怀的人，更是有着一个健康的心态。

在舍与得之间成就美丽人生

人们常说："愈放下路愈宽，在舍得之间成就美丽人生。"然而，在现实生活中，很多人在这一点上做得并不理想，他们不能把握好舍得之间的关系，导致他们在人际交往上存在一定的缺憾。国内一位著名心理学家曾经说过："无论企业还是个人，只有懂得舍与得之间的关系，并能够把心态放平、放宽的话，才能在舍得中获取成功，实现自己的理想。"

第二次世界大战过后，有一个商人和一个农民在柏林的街上寻找遗留下来的财物。走到牧场附近，他们发现了一堆没有被烧焦的羊毛，于是，两个人就各自分了一半捆在自己的背上。回去的路上，他们又发现了一些布匹。农夫便将身上沉重的羊毛丢弃了。扛了更多的布匹准备回去卖钱，而贪婪的商人却捡起了农夫丢掉的羊毛以及剩下的所有布匹，统统扛起来想要拿回家。沉重的包袱，让他气喘吁吁，前行缓慢。

又走了不远，他们又发现了一些金器。这回农夫又丢掉了布匹，捡起了更多的金器，而商人却因为沉重的羊毛和布匹使得他弯不下腰，也腾不出手而作罢。这时，忽然降了一场大雨，羊毛和布匹都被淋湿了，商人实在支撑不住，狼狈地摔倒在了泥泞当中，而农夫却一身轻松地回到了家，变卖了所有的金器，过上了富足的生活。

其实有时得到什么，失去什么，我们内心里都很清楚，只是觉得哪一样东西都有各自的好处，于是哪样都舍不得放手。可是，我们必须要知道，人的一生“鱼和熊掌不可兼得”，谁能享有世界的全部呢？既然不能，就应选择自己最需要那部分，舍弃有碍于自己前进的种种包袱，只有这样，我们才能顺利抵达彼岸，而不是在中途搁浅或沉没。

从前在一座山上有一位以采草药为生的老者，这位老者从小就生活在这座大山中，他非常熟悉大山的环境。除此之外，这位老者还是个懂医术的神医，方圆十里的人们都会找这位老者来看病，而老者并不会收取这些病人的医药费用，只要给些粮食即可。所以这位老者在当地的口碑非常好，许多人都很仰慕这位老者。

这年夏天，老者像往常一样来到山中采集草药，此时正是采草药的最佳时机。虽然此时的山中危机四伏，但是老者还是坚持进山采药，因为一个被毒蛇咬伤的孩子还在等着他的救治，如果不能找到这种草药的话，这个孩子的生命就会有危险。然而，老者在山中找了很久也没有发现他所需要的草药。这令老者感到非常沮丧，在空地上休息的时候，老者忽然想起小时候父亲和他讲过的关于这种草药的传说。据说这种草药非常稀有，五十年才生长一次，但是在另外一座山上却有很多这样的草药，不过想要去另外一座山可不是一件容易的事情，因为这座山不仅地形复杂，而且在山上还生长着很多毒虫，人们一旦被这些毒虫咬伤，就必须要截肢，否则会危及自身的生命安全。虽然这是个传说，但是多年来还是没有人敢去这座山上采集草药。

此时这位老者心里只有一个想法，只要能把被毒蛇咬伤的孩子医治好，舍弃再多的休息时间、面对再多的困难也无所谓。于是老者决心去另外一座山上采集草药。这座山上没有路，老者完全是凭借自己的力气一点一点爬上去的，当他气喘吁吁地爬到山顶的时候，天色逐渐暗了下来，为了能及时给孩子治病，老者加快了寻找草药的速度。当他看到一片草丛的时候，他停下了脚步，他发现这里有很多他要的草药，此时老者非常高兴。然而，就在这个时候，他觉得右胳膊上疼了一下，老者意识到肯定是被传说中的毒虫咬了一口，不一会，他的右胳膊开始流血。此时的老者虽然害怕但是头脑非常清醒，他明白，如果不及时把这条胳膊截肢的话，自己的生命安全会受到影响，于是老者果断地把右胳膊砍了下来。虽然截肢非常痛苦，但是只有这样老者才能保住性命。

当老者回到家的时候，天已经完全黑了下来，他忍住被截肢的疼痛，来到被毒蛇咬伤的孩子的家中，给这个孩子服下了草药。此时，这个孩子已经摆脱了生命危险，可老者却晕倒在孩子的床边。好心的人们看到老者的胳膊断了一只，都流下了伤心的眼泪，因为他们深知老者为了给弦子治病而被毒虫咬伤，失去了胳膊。于是很多人都来照顾老者，为他祈福着，希望他能够好起来。当老者醒来的时候，人们围坐在他的身旁，一名上了年纪的人拉着老者的手哭着说道："谢谢您，神医，您为了救我的孙子而失去了一只手臂，下辈子做牛做马我也要报答您。"说完这个孩子的家人都跪倒在老者的身旁，感谢老者的救命之恩。

这件事在当地传开以后，县令亲自到老者的家中进行慰问，县令被老者的这种精神所打动，拉着他的手说道：“您是一个为了救助别人而敢于舍弃自己的人，您的这种精神令我等感到无限的敬仰，我将向朝廷奏请，让黎民百姓都来认识像您这样具有舍弃精神的神医。”不久以后，这位老者就接到圣旨，被皇帝召进宫做了一名御医。

可以说，舍得是一种人生的智慧，更是一种仁爱的表现。只有舍得对别人释放光芒，才能为自己照亮前程，才能获取到人生的幸福。

是啊！有舍才能有得，我们的人生不就是舍得的过程吗？当我们舍去一部分忧伤，你就会得到快乐，当你舍去一点钱财，就能得到它为你带来的更多的东西。不要吝惜昨天的人或事，他们对你已经成为过去，舍掉之后，或许你会得到更大的惊喜。

美国哲学家杜威曾经说过：“舍得是人类最好的美德，更是人生的一种修养，是经历了不断的磨炼以后提升的人格最高境界与人格魅力。这种魅力往往能感染更多的人，从而使世界变得更加和谐与完美，并成就自己美丽的人生。”

夫唯不争，顾无忧

喜怒哀乐都源于人们内心的欲望，俗话说“人争一口气，树争一层皮”，围绕着“争”衍生了多少是是非非？为了争长短、争对错。我们忍不住生气、愤怒，让自己的情绪一再恶化，当我们气得晕头转向的时候，却往往忘记了自己生气的初衷。

老子认为只有做到“上善若水，水善利万物而不争”的人才能无气无恨、无忧无虑。听听名人的故事，我们也许会得到启发。

瑞典化学家舍勒通过自己的勤奋努力在化学领域取得了很多骄人的成就，不仅发现了氯、氧、氨、氯化氢、氢氟酸、钨酸等，还发现了分离有机酸类的方法和银化合物的感光性。舍勒诸如此类的伟大发现已经被欧洲科学界所公认，并产生了极大影响。但是在瑞典，舍勒却依然名不见经传，很多王公贵族竟然对舍勒这个名字闻所未闻，更别提他的研究成果了。

一直到瑞典国王游历欧洲时，在其他国家常常听到有人在大肆赞扬舍勒的贡献，还称赞瑞典出了一个百年难遇的大人才！国王见状感到非常荣耀，回国后他向各位大臣宣布：“听说我们瑞典出了一个名震欧洲的化学家，他为国争光，我要给这个舍勒颁发一枚国家勋章！”

于是，国王下令一位专事文化科学部门的官员去承办此事，但这个官员却压根不知道舍勒是何许人也，更不知道他住在哪里，询问同僚后也没有得到答案。最后他决定亲自出外寻访，几经波折，他依然没能打听到舍勒的下落，他在情急之下想出了一个偷天换日的主意：找一个与舍勒同名的人，应付差事。

勋章就这样被莫名其妙地颁发给一个与舍勒同名的人，没想到，这位官员欺上瞒下的行为竟然顺利瞒过了那位糊涂的国王。

颁发勋章的消息不胫而走，传到舍勒和他的朋友耳朵里。朋友们纷纷为舍勒鸣不平，气愤异常，准备找国王理论，揭露真相。对此，作为当事人的舍勒却一笑置之，他安慰朋友：“去争那枚勋章有什么意义呢？”并表示自己对这份荣誉毫不在意，对于官员的恶劣行为也并无丝毫怨恨。

舍勒依然像过去那样，一头扎进自己的实验室，潜心研究化学。时隔不久，他又传出喜讯：一项新发现又出现了！舍勒就像老子所说的那样，心胸善良而豁达，待人真诚、友爱，能够发挥自身所长去无私奉献、安身立命。舍勒视名利为粪土，他争的不是徒有其表的勋章，也不是人人艳羡的至高荣誉，而是一项项难能可贵的化学发现。他立志于大道，不执着于外在的浮华，所以，面对不公正待遇，舍勒才能那么淡然。舍勒的朋友之所以那么生气和愤怒，是因为他们在乎那份荣誉，想为舍勒争夺到那份本该属于他的荣誉。

吴承恩在《西游记》第一回中说道：“争名夺利几时休？早起迟眠不自由！”可见，世上有太多人忙于奔命，只是为了争那一份名、一份利、一口气。

春秋时期，齐景公手下有三个武艺超群的勇士，为齐国立下了汗马功劳。他们分别是：公孙接、田开疆和古冶子。但是，这三位勇士恃才傲物，争名夺利，狂妄至极，他们连齐国的国君也不放在眼里。

齐景公早想除掉三个勇士，但一想到这三个人武力超群，一个个凶神恶煞，一般人无法对付他们，感到非常棘手，便对晏子说：“您也知道的，这三个人力气很大，凶狠无比，想抓到他们很难，暗刺他们吧，又恐怕刺不中，难以达到目的。我也一直为这事发愁，您说怎么办才好呢？”

晏子想了一下，对景公说：“这几个人好勇斗狠，都只知道凭硬力气对付强劲的敌人。平日里常爱争功夺利，不懂长幼礼节，不知相互谦让。对付他们，我这里倒有一个好主意。”

景公忙说："有什么好主意，赶快说吧。"

晏子看了一下几案上摆着的一盘水蜜桃，知道这是诸侯纳贡的礼品，一边看着，一边对景公说："请您赏赐他们两个美味鲜桃，派人送去，就对他们说：.你们三个人就按功劳大小分吃桃子吧.我们等着看他们三个将怎么办。"

景公将信将疑，按晏子的主意，吩咐手下人去办了。公孙接、田开疆、古冶子三个人接到了两个桃子，感到十分为难。

公孙接仰天长叹说："晏子真是个聪明的人啊！他让齐景公赏赐我们两个桃子，还叫我们三个人按功劳大小分吃这两个鲜桃。我们不接受桃子吧，景公会说我们没有勇气；如果接受了，却是人多桃少，不好分配。现在只好按功劳大小来决定谁可得到桃子了。"稍停了一下，他看了另外两个人一下，自我炫耀地说："我勇力无比，敢于捉拿大野猪，多次战胜大母虎，若论我们的功劳，没有谁能和我相比，我当仁不让，可以吃一个桃子。"说完，就抓过一个桃子站了起来。

这时，田开疆一边拍着自己的胸脯，一边大声说："要论功劳，还是我的大。我曾手持兵器，独当一面，接连两次打败汹涌而来的敌军，保住了国家安全。像我这样的对国家有功之臣，理所当然可以独吃一个桃子了，用不着与谁共吃。"说完，也抢过一个桃子，紧紧地捏在自己手里。

古冶子见他们两人拿走了桃子，两眼圆睁，瓮声瓮气地对公孙接、田开疆大声吼道："且慢，谁也不能走。要论功劳，你们两个人谁也比不上我。想当年，我随君王横渡黄河，一只大鳖咬住套在车左的马匹，拖到了砥柱山下水流湍急的河心。那时，我无法在水面慢慢游，便一下子潜入水底，逆着水潜行了百余步，又顺着滚滚的水势潜行了八、九里，才抓到了那个大鳖，奋力将它杀死。我左手握着骖马的尾巴，右手高举着大鳖的头，像仙鹤一样跃出水面。渡口上围观的人们都惊奇地说：.啊！河神出水了！.仔细一看，才看清楚是我右手举起的那大鳖的头。君王也对我赞叹不已，夸我为.中流砥柱.。像我这样的功劳，才真正可以单独吃一个桃子，用不着与谁共吃。你们两个人趁早把桃子交出来！”说完，就拔出宝剑站了起来，要与他们拼斗。

公孙接、田开疆听了古冶子这番话，看到他怒气冲天的样子，内心又惊惧，又惭愧，半天没有作声。三个人你看着我，我看着你，相持了许久。最后还是公孙接先开了口，他说：“咱们三个人都勇力超群，闻名齐国。又曾齐心协力，辅佐君王。现在却为了一只桃子，剑拔弩张，伤了和气，真不值得！特别是我，最先炫耀自己的功劳，最先动手抢桃子，如此失礼无义，还有何面目见人！”说完，嗖的一声拔出宝剑，往脖子上一抹，自杀了。

田开疆见了，大惊失色，公孙接的刚烈自惭，更使他感到无地自容。他心里暗想：“论功劳，我不是最大；论勇力，我不算最强；论贪心，我倒是不小。为了争一只桃子，害得朋友丢了性命，我这算什么勇士呀！”想到这里，他把手里的桃子往几案上一搁，学公孙接的样子，一剑把自己的脖子抹断了。

古冶子看着眼前两位朋友的尸体，目瞪口呆，欲哭无泪，欲诉无言。过了大半天，才自言自语地说：“他们两个人都死了，只有我还活着，这是我的不仁；我用言语耻笑他们，尽力夸耀自己，使他们无地自容，自杀身亡，这是我的不义啊！”古冶子十分悔恨，一下子跌坐在地上，心想：“我这样活下去，又有什么意思？尽管论功劳，我独自吃一个桃子也是应该的，他们二人分吃一个桃子也合适，但他们二人都将桃子全部退回给我，我独占两个桃子应当吗？我怎能忍心吃得下去！我好后悔。若我不肯去死，便是怯懦，哪还算得上什么勇士呢？”想到这，他羞愧万分，放下桃子，也刎颈自杀了。

这就是历史上著名的“二桃杀三士”的故事，齐景公为了除掉心头大患而设此计，正是抓住了三位勇士喜好争名夺利的致命弱点。名与利皆是生不带来、死不带去的身外之物，可天下不知多少人为了争名逐利而头破血流，甚至丢掉了性命，值吗?

争与不争就在一念之间，气与不气紧随这一念之后。选择争就是选择与自己为敌，选择不争就是放自己一条生路，因为一切仇怨皆因争而起。

懂得感恩，人生不再愤愤不平

我们每个人来到这个世界，就成为这个世界独一无二的风景。因此，我们需要感激我们的父母，是他们赋予了我们生命，让我们有了生存于这个世界的资本。

我们很好地生活在这个世界上，衣食无忧，还在不断创造着奇迹。因此，我们要感激天地给予我们阳光、空气、水和粮食，如果没有这些，我们将无法生存。

我们从小就接受很好的教育，使自己具备了生存在这个世界的能力。因此，我们要感激我们的老师，他们用青春的代价，换来我们的长大成熟。

古罗马的神话传说记载：

有一次，古罗马众神决定举行一次欢迎会，邀请全体美德神参加。真、善、美、诚以及各大小美德神都应邀出席。他们和睦相处，友好地谈论着，玩得很愉快。但是主神朱庇特注意到：有两位客人互相回避，不肯接近。主神向信使神密库瑞述说了这一情况，要他去看看这是什么原因。信使神立即将这两位客人带到一起，并给他们介绍起来“你们两位以前从未见过面吗？”信使神问。“没有，从来没有。”一位客人说，“我叫慷慨。”“久仰，久仰！”另一位客人说，“我叫感恩。”

正如故事所揭示的：生活中慷慨的行为总是难以得到真诚的感恩。事实上，我们每个人都在依赖着他人的奉献来进行每一天的生活，只是我们往往会忽视这一点，不知道怀抱感恩地生活，而这种人不管穷富，他的灵魂一定是贫乏的。

史蒂文斯失业时，已经不是一个年轻的小伙子了。那是他在一家软件公司工作了八年之后的一天，这家公司突然宣布倒闭，他这个老资格的程序员突然被推入了失业大军的行列，一切来得那么突然，让他措手不及。

史蒂文斯是一个性格稳重、心态沉稳、工作认真的男人，他一直以为会在这家公司做到退休，然后拿着优厚的退休金颐养天年。那时的他，有一个温馨的家庭，他的第三个儿子刚刚降生，他感谢上帝的恩赐，同时意识到，作为丈夫和父亲，自己存在的最大意义，就是让妻子和孩子们过得更好。而实际上，他也做到了，因为他工作很勤奋，收入很可观。

可是，他失业以后，生活开始变得凌乱不堪。他每天必做的事情就是投简历，然后等面试电话，好不容易有个机会去面谈，由于种种原因，结果总是失败而归。一个月过去了，他没找到工作。他心急如焚，甚至想到干点儿别的什么工作来维持自己的家庭开销，可是，他这个科班出身的专业编程员，除了编程，真是一无所长，在其他方面，没有任何竞争力。

他在沮丧中度过了一天又一天，盼星星盼月亮般的，终于等来了一个好机会。他在报上看到一家软件公司要招聘程序员，待遇不错，他算了算，如果胜任的话，工资收入足够养活他的妻儿。

他真的等不及了，没有发简历，没有打电话咨询，就直接揣着资料，满怀希望地赶到公司。那里应聘的人数超乎想像，很明显，竞争将会异常激烈。经过简单的交谈，公司通知他一个星期后参加笔试，这让他兴奋不已。

在后来的笔试中，史蒂文斯凭着过硬的专业知识，轻松过关，公司又通知他两天后接受面试。他对面试满怀信心，他相信自己八年的工作经验让一般年轻小伙子望尘莫及，坚信面试不会有太大的问题。然而，考官的问题是关于软件业未来的发展方向，这些问题，他竟从未认真思考过，所以回答起来很吃力，答案也让面试官失望。

史蒂文斯知道自己没有希望去那家公司上班了，可是他对那家公司真的很仰慕，他拥有这么多年的工作经验，却从来没有思考过软件业的大方向，没有公司大方向的指引，自己的小方向又何以立足？

这家公司对软件业的理解，令史蒂文斯耳目一新，虽然应聘失败，可他感觉收获不小，这家公司给他上了一堂生动的未来之课，他觉得有必要给公司写封信，以表感谢之情。于是他立即提笔写了一封与众不同的感谢信：

“尊敬的各位面试官老师：你们好！贵公司花费人力、物力，为我提供了笔试、面试的机会。我虽然落聘了，但是这次应聘经历给了我一个重新认识自己的机会，让我大开眼界，大长知识，真的是获益匪浅。非常感谢你们为之付出的劳动，谢谢！”

在这封信里，落聘的人没有表现出任何不满的情绪，他不但毫无怨言，还给公司写来感谢信，真是闻所未闻。

这封信在这家公司的领导层中层层上递，赞美之词声声入耳。最后，这封信被送到总裁的办公室。总裁看了感谢信后，什么话也没有说，便把它锁进了自己的抽屉里。

几个月过去了，等到新年来临时，史蒂文斯收到一张精美的新年贺卡，这张贺卡是他上次应聘的公司寄来的，上面写着：“尊敬的史蒂文斯先生，如果您愿意的话，请加入我们当中来，和我们共度新年。”

原来，这家公司在新年来临之际，又有了招聘新人的计划，他们首先想到的是史蒂文斯先生。

这家公司就是如今闻名世界的美国微软公司。在这家公司，史蒂文斯几十年如一日，凭着出色的业绩，一直做到了副总裁。

人生不会一帆风顺，种种失败和无奈都需要我们勇敢地面对。这时，学会感恩，你就会发现，种种不如意，也是生活给我们的恩赐，它将教会我们坚强，让我们学会自立，使我们懂得知足。懂得感恩的人，能够在失败时看到差距，从而激发自己挑战困难的勇气，进而获取前进的动力。

一名记者在克里姆林宫遇见一位女清洁工，在这里进进出出的都是一些高官贵族，女清洁工出现在这些人中间显得有些不相称。于是记者问她：“你周围都是一些达官贵人，你作为一名清洁工，难道不感到自卑和不安吗？”这名女清洁工微笑着回答：“总统的工作是为全国人民服务，我的工作是为总统服务，我为什么要感到自卑和不安呢？相反，我感到很快乐，能在总统身边工作，已经是生活对我的厚爱了，不是每个人都有这个机会。”

一颗感恩的心，让一位女清洁工感到了快乐和幸福。是的，不是每个人都有这个机会。无论你是什么样子的，你都是这个世界上独一无二的，所以，从这一点来说，已经足够你来感激生活了。

感恩之心是一个人生命不息奋斗不止的无穷动力！用感恩的眼光看人，你会发现世上还是好人多；用感恩的眼光看生活，你会发现生活并没有想像得那么糟糕；感恩生活、感恩世界，你自然也就远离了愤世嫉俗和愤愤不平……就让我们从现在开始感恩吧！感激阳光，感激空气，感激一草一木，因为它们都是我们的必需，却无一不是生活的赐予！

吃亏是福，斤斤计较伤人伤己

“吃亏是福”是一种深刻的人生哲学。人生在世要学会吃亏，学会了吃亏，就会不生气，遇事就会游刃有余，心底就会坦坦荡荡。这种不生气的舒畅生活，正是“吃亏”所带来的。

一天，宋代大文豪苏东坡到金山寺跟佛印禅师打坐参禅。两人坐了一会儿后，苏东坡觉得身心通畅，于是问禅师道：“禅师！你看我坐的样子怎么样？”佛印禅师看了看他，于是回答：“好庄严啊，像是一尊佛！”苏东坡听了非常高兴。而佛印禅师却接着问苏东坡道：“学士！你看我坐的姿势怎么样？”苏东坡向来与佛印禅师交好，却从来不放过嘲弄禅师的机会，而两人已经相互习惯并以此为乐。苏东坡看了看佛印禅师后，马上答道：“像一堆牛粪！”佛印禅师听后也很高兴，竟然笑出来了。

苏东坡将禅师喻为牛粪，而禅师竟无以为答，反倒是大笑起来。苏东坡认为自己这次是在口头上赢了佛印禅师，心里更是高兴极了。回家后，他便把这件事当作喜事告诉他的妹妹苏小妹，说自己赢了佛印禅师。

而苏小妹却没有苏东坡那样的好心情，她一脸严肃，反问道：“哥哥，你究竟是怎么赢了禅师的？”苏东坡更是眉飞色舞，神采飞扬地将刚刚发生的时候又如实叙述了一遍给苏小妹听。天资超人、才华出众、极具慧根的苏小妹听了后，正色说道：“哥哥，其实你输了。禅师的心中如佛，所以他看你如佛，而在你的心中佛像牛粪，所以你看禅师才会觉得像牛粪！”苏东坡恍然大悟。

其实，在这场比较中，佛印禅师懂得吃亏是福，并不在语言上胜出苏东坡，这正是其修养高深，不为外物所动的表现。而苏东坡因为禅修不深，即使是在言语上占尽了便宜，自认为有多么高明，都不能在真正意义上获得人生的快乐幸福。

杨丽红是一家上市公司的董事长。一天，她的助理叶寒六神无主地找到她，哭诉说自己的父亲患病急需一笔医药费，这对刚刚参加工作的叶寒来说无疑比登天还难。杨丽红了解情况后，二话没说就给她的卡上划了5万元钱，说是给她的奖金，还安慰她不要有思想包袱，一定会没事的。当时杨丽红的老公还说她没必要对一个刚进公司的职员这样好，觉得她亏大了。但是杨丽红却说：“我真心诚意对她好，她肯定会加倍努力来报答我，而且叶寒的能力非常强，一定会为公司带来不少利益的。”

但是由于病情恶化，叶寒的父亲还是没能救活，但是她却将杨丽红的恩情铭记在心了，工作非常卖力。随着市场竞争越来越激烈，杨丽红的公司亏损越来越多，一直勉强维持着。就在这时，叶寒在加拿大的姑姑要回国投资，发展自己的事业。叶寒把杨丽红帮助自己的事情告诉了姑姑，她的姑姑也非常感激，于是决定投资给杨丽红的公司，帮助他们渡过难关。就这样，杨丽红的公司在叶寒姑姑的资助下终于起死回生，现在生意是越来越红火了。杨丽红很庆幸，要是当初不帮助叶寒，自己的公司恐怕早就破产了。

生活中，总以为吃亏是傻，占便宜才是精。可从来都是吃亏人心安理得，从不用担心有什么祸事，更不用担心被人报复，而占了便宜的人心里还是会有愧疚的。吃亏的人是有福人，你一无所有，别人哪有便宜可赚？正因为你比别人有，别人才要占你的便宜，吃亏的高境界是吃了亏坦然受之，欣然受之，不烦恼，不后悔，好吃亏的便是。古人云：“吃得小亏，则不至于吃大亏。”好吃亏的人往往是越过越好的。

传说郑板桥弟兄俩经常通信，互通情感。忽然有一天，郑板桥收到了弟弟一封来信。信中说郑家想翻修老屋，连外墙也想翻修。而正碰上郑家与邻居的房屋共用一墙，邻居非说那墙是他们祖上传下来的，而不是郑家的，郑家无权拆墙。而弟弟郑墨却说其实早先就有两家的契约了，上面写得明明白白说那堵墙是郑家的，而是邻居借光盖了房子。为了这堵墙，郑墨与邻居将官司打到县里，可是县里至今也尚无结果。郑墨越想越难过，感觉太受人欺负了，明明这墙就是自己家里的，为什么还要听人指挥呢？越想越难受，心中的怨恨也实在咽不下去了。于是就想到了在外做官的哥哥，自觉得有契约在，再加上哥哥出面说情，这官司就必赢无疑了。

郑板桥看了信后，觉得很不自在，考虑再三，给弟弟写了一封劝他息事宁人的信，同时寄去了一个条幅，上面写着“吃亏是福”四个大字。同时又给弟弟另附了一首打油诗：千里告状只为墙，让他一墙又何妨；万里长城今犹在，不见当年秦始皇。

郑墨接到信羞愧难当，当即撤了诉状，向邻居表示再不相争。那邻居也被郑家兄弟的一片至诚所感动，表示也不愿意继续闹下去。于是两家又重归于好，仍然共用一墙。

至今在湖南洪江古商城青石板巷塘冲 1 号的古窨子屋墙壁上，还有郑板桥的一段赠语写于壁联上。题头写的是：“吃亏是福。”郑板桥决定劝说弟弟让出墙的时候，看起来是吃亏了，无缘无故的自家的墙没有了，可实际上是谦让出一份生活的安宁。而邻居得到了墙，看似是赢了这场争论，却输了一份谦让，于此自责，便又决定让出这面墙来。

“让人者为上，吃亏者有福”，这句话包含着深刻的人生哲理。事实证明，很多时候吃亏未必就是坏事。有些吃亏，看似“亏”了，实则是在为自己积蓄“盈”，也就是说，吃得了亏才能扭亏为盈——这需要站在更高的层面上，用长远的眼光来看待问题。所以，我们不能因吃亏而生气，时刻牢记“吃亏是福”的至理名言，只有这样你才能在快乐中享受生活的美好；反之，处处为貌似吃亏的事情而生气，你将终身不能平息内心的怨气。